## 두 얼굴의 원소라고?

원소

강상욱 글 | 이크종 그림

열등의 원소라고?

나무를 심는 사람들

# 화학은 세상을 보는 창

오늘 하루를 살아가면서 우리가 일상에서 마주하는 모든 것이 화학과 어떻게 연결되어 있는지 생각해 본 적이 있나요? 화학은 우리 삶을 이루는 핵심이며, 우리 주변 세계를 이해하는 데 중요한 열쇠가 된답니다.

그럼 우리의 하루를 찬찬히 살펴볼까요?

우리는 매일 아침 일어나 물을 마시고, 칫솔에 치약을 묻혀서 이를 닦고, 보디 클렌저와 비누로 몸을 씻은 뒤, 옷을 입고 나가요. 시력이 안 좋다면 안경을 쓰고, 배터리와 반도체가 장착된 핸드폰으로 좋아하는 음악을 들으며 길을 걷죠. 타이어가 장착된 버스를 타고 시멘트 블록을 밟고 계단을 내려가 지하철을 탑니다. 지하철 속 디스플레이 화면을 통해 각종 제품 광고를 보기도 하고, 점심시간에는 음식을 먹으면서 에너지를 얻고 영양제로 기운을 내기도 합니다. 커피나 에너지 음료를 마시면서 졸린 오후를 버텨 보기도 하고, 집에 와서 다시 씻고 이불 덮고 잠들기까지 우리는 화학 속에서 살고 있습니다.

눈에 보이지 않는 산소를 마시고 이산화탄소를 내뱉는 호흡을 해야 우리는 생명을 유지할 수 있을 뿐만 아니라, 우리 몸을 구성하는 작은 단위가 바로 화학 원소입니다. 우리 몸 안팎의 모든 물질이 바로 화학 원소로 이루어져 있다는 것을 깨닫고 화학 지식을 풍부하게 갖추면, 우리는 세상을 더 깊게 이해할 수 있고 일상에서 벌어지는 자잘한 일도 해결할 수 있는 힘이 생기게 됩니다.

예를 들어 도시가스가 연결된 가스레인지로 요리를 할 때를 생각해 봅시다. 가스가 연소하는 과정에서 이산화탄소 외에 몸에 해로운 일산화탄소도 나온다는 것을 알면, 미리 후드를 틀고 창문을 열어 요리하는 지혜를 발휘하게 될 거예요. 그뿐만 아니라 값비싼 고어텍스 소재가 사용된 아웃도어 의류를 구매했다면, 어떻게 관리해야 할까요? 방수와 투습이라는 뛰어난 기능이 사실은 섬유 속 미세 기공에 의한 것임을 알고, 세탁할 때 이 미세 기공이 손상되지 않는 방법을 선택하게 되겠죠.

전기차 시장을 확대해 나가는 데 '배터리'가 왜 중요한지를 알고 핵심 원소인 리튬 자원 확보를 위해 세계 각국이 어떻게 노력하는지 살펴볼 수 있는 시야도 생기게 됩니다. 그리고 왜 미세 먼지가 발생하는지, 자연재해는 왜 갈수록 심해지는지, 암 발생률을 높이는 원인은 무엇인지, 왜 최근 ADHD(주의력 결핍 과잉 행동 장애) 환자가 늘어만 가는지, 바닷속 중금속 농도는 왜 높아지는지에 대해서도 이해할 수 있게 됩니다.

자동차가 모두 전기차로 바뀌면 석유는 어떻게 되는지, 반도체 산업에서 중요 역할을 하는 원소들은 무엇인지 그리고 반도체 기술 선점을 두고 세계 여러 나라가 어떻게 경쟁하는지 등에 대해서도 안목이 생기죠.

이렇듯 화학을 통해 우리가 살아가는 세상을 움직이는 원리를 쉽게 이해할 수 있고, 그에 따라 어떻게 살아가야 하는지에 대한 지혜도 생기게 된답니다. 더 나아가 저탄소 경제 정책 및 플라스틱 재활용, 일회용품 금지 등과 같이 환경 정책에 대한 우리의 인식을 높이는 데에도 큰 도움을 줍니다. 화학적 지식이 바탕이 되면, 우리는 환경을 보호하기 위한 구체적인 방안과 정책이 왜 필요한지, 어떻게 실현될 수 있는지에 대해 더 깊이 이해하게 됩니다. 이를 통해 더 나은 환경을 위한 실질적인 행동을 하고 지속

가능한 발전을 위한 새로운 정책을 제안할 수도 있습니다.

　그럼 이제 이 책을 통해 화학 원소의 특성과 매력이 무엇인지 같이 알아볼까요?

# 차례

# 6장
# 기술 혁신을 이끄는 원소들

주기율표

| 족 → | 1 | 2 | | 3 | 4 | 5 | 6 | 7 | 8 |
|---|---|---|---|---|---|---|---|---|---|
| 주기 ↓ | | | | | | | | | |
| 1 | 1<br>H<br>수소 | | | | | | | | |
| 2 | 3<br>Li<br>리튬 | 4<br>Be<br>베릴륨 | | | | | | | |
| 3 | 11<br>Na<br>소듐 | 12<br>Mg<br>마그네슘 | | | | | | | |
| 4 | 19<br>K<br>포타슘 | 20<br>Ca<br>칼슘 | | 21<br>Sc<br>스칸듐 | 22<br>Ti<br>타이타늄 | 23<br>V<br>바나듐 | 24<br>Cr<br>크로뮴 | 25<br>Mn<br>망가니즈 | 2⟨<br>Fe<br>철 |
| 5 | 37<br>Rb<br>루비듐 | 38<br>Sr<br>스트론튬 | | 39<br>Y<br>이트륨 | 40<br>Zr<br>지르코늄 | 41<br>Nb<br>나이오븀 | 42<br>Mo<br>몰리브데넘 | 43<br>Tc<br>테크네튬 | 4⟨<br>Ru<br>루테 |
| 6 | 55<br>Cs<br>세슘 | 56<br>Ba<br>바륨 | * | 71<br>Lu<br>루테튬 | 72<br>Hf<br>하프늄 | 73<br>Ta<br>탄탈럼 | 74<br>W<br>텅스텐 | 75<br>Re<br>레늄 | 7⟨<br>Os<br>오스 |
| 7 | 87<br>Fr<br>프랑슘 | 88<br>Ra<br>라듐 | **<br>** | 103<br>Lr<br>로렌슘 | 104<br>Rf<br>러더포듐 | 105<br>Db<br>더브늄 | 106<br>Sg<br>시보귬 | 107<br>Bh<br>보륨 | 10⟨<br>Hs<br>하 |

| | * | 57<br>La<br>란타넘 | 58<br>Ce<br>세륨 | 59<br>Pr<br>프라세오디뮴 | 60<br>Nd<br>네오디뮴 | 61<br>Pm<br>프로메튬 | 62<br>Sr<br>사마 |
|---|---|---|---|---|---|---|---|
| | **<br>** | 89<br>Ac<br>악티늄 | 90<br>Th<br>토륨 | 91<br>Pa<br>프로트악티늄 | 92<br>U<br>우라늄 | 93<br>Np<br>넵투늄 | 9⟨<br>Pu<br>플루트 |

**표기법**

1 원자 번호
H 기호
수소 국문 원소명

■■■ 금속  □ 비금속  ■ 준금속  □ 2016년에 추가된 원소  * 란타넘족  * 악티늄족

| 9 | 10 | 11 | 12 | 13 | 14 | 15 | 16 | 17 | 18 |
|---|----|----|----|----|----|----|----|----|----|
| | | | | | | | | | 2 He 헬륨 |
| | | | | 5 B 붕소 | 6 C 탄소 | 7 N 질소 | 8 O 산소 | 9 F 플루오린 | 10 Ne 네온 |
| | | | | 13 Al 알루미늄 | 14 Si 규소 | 15 P 인 | 16 S 황 | 17 Cl 염소 | 18 Ar 아르곤 |
| 27 Co 발트 | 28 Ni 니켈 | 29 Cu 구리 | 30 Zn 아연 | 31 Ga 갈륨 | 32 Ge 저마늄 | 33 As 비소 | 34 Se 셀레늄 | 35 Br 브로민 | 36 Kr 크립톤 |
| 45 Rh 로듐 | 46 Pd 팔라듐 | 47 Ag 은 | 48 Cd 카드뮴 | 49 In 인듐 | 50 Sn 주석 | 51 Sb 안티모니 | 52 Te 텔루륨 | 53 I 아이오딘 | 54 Xe 제논 |
| 77 Ir 리듐 | 78 Pt 백금 | 79 Au 금 | 80 Hg 수은 | 81 Tl 탈륨 | 82 Pb 납 | 83 Bi 비스무트 | 84 Po 폴로늄 | 85 At 아스타틴 | 86 Rn 라돈 |
| 109 Mt 트너륨 | 110 Ds 다름슈타튬 | 111 Rg 뢴트게늄 | 112 Cn 코페르니슘 | 113 Nh 니호늄 | 114 Fl 플레로븀 | 115 Mc 모스코븀 | 116 Lv 리버모륨 | 117 Ts 테네신 | 118 Og 오가네손 |

| 63 Eu 로퓸 | 64 Gd 가돌리늄 | 65 Tb 터븀 | 66 Dy 디스프로슘 | 67 Ho 홀뮴 | 68 Er 어븀 | 69 Tm 툴륨 | 70 Yb 이터븀 |
|---|----|----|----|----|----|----|----|
| 95 Am 메리슘 | 96 Cm 퀴륨 | 97 Bk 버클륨 | 98 Cf 캘리포늄 | 99 Es 아인슈타이늄 | 100 Fm 페르뮴 | 101 Md 멘델레븀 | 102 No 노벨륨 |

# 1장

## 화학을 통해 세상을 더 깊이 바라보기

# 화학은 레고 블록?

여러분은 레고 블록을 어린 시절 한 번쯤은 가지고 놀아 본 적이 있을 거예요. 레고 블록은 매우 작고 간단해 보이는 조각으로 이 세상 모든 것들을 표현할 수 있는 매력적인 장난감이지요. 그런데 화학은 이 레고 블록과 매우 흡사하다는 사실을 알고 있나요?

레고 블록 장난감의 매력은 무엇일까요? 조각 하나하나를 보면 매우 작을 뿐만 아니라 때로는 볼품없어 보이기도 하는데, 이 조각들이 어떻게 연결되느냐에 따라서 자동차나 거대한 배가 되고, 영화 속 멋진 캐릭터로 변신하기도 하지요. 당연히 이렇게 만들어진 자동차와 배와 영화 주인공의 성질이 다 다른데, 이는 마치 화학 원소의 세계와 매우 유사합니다.

화학의 원소 하나하나를 '레고 블록의 한 조각'이라고 생각해 봐요. 탄소 블록 조각 1개를 산소 블록 1개와 연결해 볼게요. 그럼 일산화탄소($CO$)라는 기체가 됩니다. 이번에는 탄소 블록 1개와 산소 블록 2개를 연결해 볼게요. 그럼 이산화탄소($CO_2$)라는 전혀 다른 기체로 변하게 되지요. 일산화탄소는 공기 중에 0.5%만 있어도 우리 생명에 매우 위험한 기체이지만, 이산화탄소는 공기 중에 같은 농도로 존재해도 아무런 지장이 없어요.

그럼 이번에는 산소 블록 1개와 수소 블록 2개를 연결해 볼게요. 여러분이 잘 아는 물($H_2O$)로 변하게 되지만, 산소 블록 1개를 더 연결하면 전혀 다른 과산화수소($H_2O_2$)로 변신하게 된답니다. 그렇게 변신한 과산화수소는 강력한 산화 작용을 할 수 있기 때문에 표백제와 소독제로 널리 활용되지만, 물은 그렇지가 않지요.

## » 연결하고 또 연결해서 《
## 고분자가 되는 과정

그렇다면 이번에는 더 재밌는 조립을 해 볼게요. 탄소 블록을 다

른 탄소 블록과 연결하고, 또다시 탄소 블록을 연결하고, 또 연결
하는 등 이 행동을 계속 반복해 볼게요. 연결 조각이 늘어날수록
전체 물체의 크기도 늘어나고 무게도 늘어나게 되는데, 이게 바로
고분자(polymer)라는 물질의 생성 과정과 유사하지요. 플라스틱
이 대표적인 고분자의 예가 된답니다. 실제 석유에서 나오는 에틸

화학을 통해 세상을 더 깊이 바라보기

렌($C_2H_4$)을 포개어 합치는 과정을 통해 연속적으로 연결하면, 분자량이 커지고 이게 바로 대표적인 플라스틱인 폴리에틸렌(PE)이 되지요.

여러분에게 레고 블록 조각을 충분히 제공해 주면, 조립을 통해 만들 수 있는 모양의 종류는 몇 개가 될까요? 그 경우의 수는 세는 것이 불가능하겠죠? 화학의 세계도 똑같아요. 화학의 원소들을 조립해서 만들어 낼 수 있는 물질의 개수는 무한대에 가깝기 때문에, 화학을 무한한 가능성을 탐구하는 학문이라고 부른답니다. 여러분이 레고 블록 조립을 통해 다양한 작품을 만들어 내듯이 화학자들은 지금도 화학 원소들을 조합해서 새로운 물질을 만들어 내고, 이들의 특성을 찾은 뒤 기존 분야에 응용하거나 새로운 분야를 창출해 냅니다.

그런데 여러분은 다 가지고 논 '레고 블록 작품'을 때로는 조각조각으로 해체해서 다시 새로운 작품을 만들어 본 적도 있을 거예요. 화학 분야 역시 똑같답니다. 이미 존재하는 물질들을 분해해서 작은 분자 등으로 쪼갠 뒤 이를 다시 새로운 물질을 만드는 데 활용하기도 합니다.

여러분이 레고 블록을 가지고 재밌게 놀았다면, 화학 역시 재밌게 공부할 수 있는 학문이에요. 이 책을 통해 무한한 가능성을 갖고 있는 화학이라는 학문의 매력에 같이 빠져들어 가 볼까요?

# 2

# 인간은 원소로 이루어져 있다고?

우리 인간은 생명체입니다. 숨을 쉬고 음식을 먹고, 이 음식을 에너지로 전환해서 활용함으로써 움직이고 생각할 수 있는 생명체이죠. 매 순간순간 수많은 현상이 우리 몸속에서 일어납니다. 이렇게 신비로운 인간도 사실은 화학 원소로 이루어져 있다는 사실을 알고 있나요?

여러분은 원소와 원자에 대해서 들어 본 적이 있을 거예요. 물질을 구성하는 기본 단위를 원자라고 하고, 한 종류의 원자로만 구성된 순물질은 원소라고 합니다. 좀 더 구체적으로 설명하면, 원자는 화학 원소로서의 특성을 잃지 않는 범위에서 도달할 수 있는 물질의 최소 입자라고 생각하면 된답니다.

원자는 원자핵과 전자로 구성돼 있는데, 전자는 원자핵 주위를 돌고 있습니다. 원자핵은 양성자와 중성자로 구성돼 있지요. 우리가 '원자 번호'라고 말하는 것은 원자핵 내 양성자 수를 의미하고, 이는 곧 원소의 종류를 결정한답니다. 여기서 원자핵 주위를 돌고 있는 전자는 음의 전하를 가진 매우 작은 입자인데, 이 입자가 작다고 해서 우습게 보면 안 됩니다. 이 전자는 원자의 결합에 관여할 정도로 중요한 역할을 수행하지요.

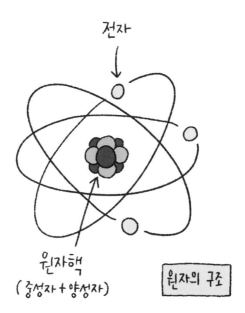

전자

원자핵
( 중성자 + 양성자 )

원자의 구조

그럼 이온은 무엇일까요? 어떤 분자나 원자가 전자를 잃어서 양의 전하를 가지면 양이온이 되고, 만약 전자를 얻어서 음의 전하를 가지면 음이온이 되어요. 예를 들어 소듐(Na) 원자가 전자 1개를 잃으면 소듐 양이온($Na^+$)이 되고, 염소(Cl) 원자가 전자 1개를 얻으면 염소 음이온($Cl^-$)이 되는 것이죠.

## 》 화학 원소로 이루어진 《
## 우리 몸

그런데 인간이 이런 원소들로 이루어져 있다는 사실을 알고 있었나요? 우리 몸을 구성하는 단백질은 탄소, 산소, 질소, 수소 등이 반복되는 분자량이 큰 고분자입니다. 여러분 몸속을 채우고 있는 물은 수소와 산소로 이루어져 있고, 지방은 탄소, 수소, 산소로 구성되어 있어요. 생명체의 유전 정보를 담고 있는 분자인 DNA조차도 탄소, 수소, 산소, 질소와 인으로 구성되어 있어요. 우리를 이루는 것들이 바로 화학 원소라는 것을 쉽게 이해할 수 있을 거예요.

그럼 단순히 화학 원소들이 인체를 구성하는 역할만 할까요? 그렇지 않아요. 철은 혈액 내 헤모글로빈을 구성하며, 산소를 온몸의 기관으로 운반하는 데 매우 중요한 역할을 하지요. 마그네슘은 근육의 이완에 필수적인 역할을 하며, 신경계가 정상적인 기능을 유지할 수 있도록 도와 줄 뿐만 아니라 에너지 생성에도 관여를 합니다. 포타슘은 우리 몸속에서 혈압을 조절하는 데 도움을 주고, 심장 근육의 리듬을 유지하는 데 매우 중요한 역할을 해요.

한마디로 우리는 화학 원소로 구성돼 있고, 화학 원소에 의지하면서 살아간다고 할 수 있어요.

결국 인간을 이해하기 위해서는 화학 원소에 대한 이해가 매우 중요하다는 사실을 깨달았을 거예요.

# 3

# 원소는 두 얼굴을 갖고 있다고?

"카드뮴에 노출되면 암에 걸릴 수 있어. 납에 중독되면 신경 계통에 이상이 생겨. 그러니 무조건 멀리해야 해"라는 이야기를 들어 본 적이 있을 거예요. 또 산소가 없다면 우리는 살아갈 수 없으니 산소는 매우 좋은 원소라고 생각하지요. 하지만 모든 원소는 선과 악의 양면을 갖고 있답니다.

여러분은 야누스라는 로마 신화에 등장하는 신 이름을 들어 본 적이 있나요? 야누스는 두 얼굴을 갖고 있는데 한쪽은 과거를 바라보고, 다른 한쪽은 미래를 바라보고 있다고 해서 오늘날 어떤 현상의 양면성을 가리킬 때 자주 비유로 활용됩니다. 그런데 화학 원소들이 이런 야누스와 많이 닮았어요. 한마디로 양면성을 갖고 있다는 뜻이랍니다. 선과 악에 비유하자면 절대 선도 없고 절대 악도 없다는 뜻이에요.

예를 들어 볼까요? 여러분은 중금속이 위험하다는 이야기를 책이나 뉴스 등을 통해 많이 들어 봤을 거예요. 실제 중금속은 인체 내에 유입됐을 때 배출이 잘 안 되고, 지속적으로 누적이 되면서 다양한 문제를 일으킵니다. 카드뮴은 암을 유발하고, 또 다른 중금속인 납은 신경 계통에 영향을 줄 뿐만 아니라 최근에는 아이들에게 ADHD(주의력 결핍 과잉 행동 장애)를 일으킨다고 해서 전 세계적으로 식품 속 농도를 관리, 감독하는 원소들이랍니다.

## 》위험한 중금속의 《 긍정적인 역할

그럼 이 세상에서 카드뮴과 납을 없애 버리면 될까요? 카드뮴이 없다면 우리는 니켈-카드뮴 전지의 등장을 볼 수 없었을 것이고, 부식 방지를 위한 도금도 할 수 없어 녹슨 철을 일상 속에서 자주 접하게 됐을 거예요. 범용 플라스틱인 PVC가 안정제의 도움을 받지 못해 지금처럼 널리 사용되지 못했을 거고, 첨단 디스플레이의

하나인 QLED는 등장도 못했을 거예요. 그리고 납이 없다면 축전
지도 없고, 페인트의 색상은 지금처럼 밝고 선명하지 못했을 것이
며, 탄약 제조에도 영향을 받으니 국가 안보에도 문제가 될 수 있
어요.

## 》 공기가 100% 산소로 《
## 이뤄지면?

산소를 살펴볼까요? 산소 기체가 생명을 유지시켜 주니 당연히
좋은 점만 떠오를 거예요. 그런데 공기가 100% 산소로 구성되면
어떻게 될까요? 숨쉬기가 편해지니 더 건강해질까요? 그 반대입

니다. 공기가 100% 산소로 이뤄지면, 사람은 죽게 됩니다. 수소 2개와 산소 1개로 이루어진 물($H_2O$)은 어떨까요? 물을 많이 마시면 건강에 좋다는 얘기를 들어 봤을 거예요. 몸에 좋은 것은 사실이나 한 번에 6리터를 먹게 되면, 목숨을 잃을 수도 있답니다.

그뿐만 아니라 우리 몸에 무척 중요하다는 미네랄도 지나치게 많이 먹으면 어떻게 될까요? 아연의 경우는 철과 구리의 흡수를 저해하고, 셀레늄은 어지러움과 두통을 유발합니다. 망가니즈는 피로, 기억력 저하를 일으키고, 아이오딘은 갑상샘 기능 항진증을 유발할 수 있으며, 구리도 지나치면 신부전증이나 간 손상을 일으키기도 하지요.

요리할 때 다칠 수 있으니 주방에서 칼을 없애자고 말하는 사람은 없을 거예요. 화학 원소도 마찬가지랍니다. 이를 잘 사용하면 생명 유지는 물론 우리 삶을 더욱 윤택하고 편리하게 만들어주지만, 잘못 활용하거나 남용할 경우에는 우리 몸은 병들게 되고 환경은 파괴될 수 있다는 사실을 꼭 명심하기 바랄게요. 화학 원소를 잘 이해하는 것이 왜 중요한지 알겠죠?

# 4

# 화학이 환경 문제를 해결할 수 있을까?

오늘날 우리는 미세 먼지와 지구 온난화로 인한 각종 재해를 일상으로 겪으면서 살아갑니다. 이 문제를 해결하기 위해서 전 세계 과학자들이 많은 노력을 기울이고 있는데, 그 중심에는 화학이란 학문이 있어요. 화학이 어떻게 환경 문제를 해결할 수 있을까요?

오늘날 미세 먼지는 더 이상 낯선 단어가 아니며, 일기 예보에서 조차 미세 먼지 예측량을 공개하는 세상이 되었습니다. 코로나19로 인한 팬데믹이 끝났는데도 미세 먼지로 인해 마스크 사용이 계속되고 있으니 너무나 씁쓸하기만 한 현실입니다. 게다가 지구 온난화로 인한 자연재해는 날이 갈수록 심해져 가고 있지요. 태풍의 강도는 점점 강해질 뿐만 아니라, 각종 기상 이변을 뉴스에서 접해도 이제는 놀랍지도 않은 상황이 되었어요.

도대체 왜 이런 일이 발생하고 있는 걸까요? 여러 이유가 있지만 화석 연료의 과다 사용이 주된 원인으로 지목되고 있어요. 우리는 언제 화석 연료를 사용할까요? 대표적으로 전기 생산과 자동차, 그리고 가스에서 씁니다. 지금도 우리는 소중한 전기의 상당량을 '석탄 화력 발전소'에 의지하고 있는데, 이 발전 형태는 이산화탄소와 미세 먼지를 많이 배출한다는 문제점을 안고 있어요. 액화 천연가스 발전 역시 많은 이산화탄소를 배출한다는 점에서 동일한 문제점을 안고 있죠.

## 》 재생 에너지 개발에 《
## 힘쓰는 화학

우리가 사용하는 물건을 만드는 데도 어마어마한 전기가 사용됩니다. 집에서 난방을 할 때도 가스를 사용하고, 요리를 할 때도 가스를 사용하게 되죠. 게다가 휘발유나 디젤 자동차를 타는 경우도 많습니다. 우리는 이런 활동을 통해 이산화탄소와 미세 먼지를 만들어 내고 있어요. 인간의 생존과 편리를 위한 행동 자체가 이렇게 인간의 삶을 위협하고 있는 거지요.

그럼 이제부터라도 우리는 전기를 사용하지 않고, 자동차 없이 걸어 다니고, 한겨울에 난방 없이 살고, 요리도 해 먹지 말아야 할까요? 그런 원시 시대로 돌아가고 싶은 사람은 아무도 없을 거예요. 우리는 이런 역경을 어떻게 해결해야 할까요? 그 해결책을 찾기 위해 오늘도 전 세계 과학자들이 많은 노력을 기울이고 있는데 그 중심에는 '화학'이 있답니다.

구체적인 예를 알아볼까요? 먼저 석탄 화력 발전소를 대체하거나 사용량을 줄이기 위해서 새로운 재생 에너지 개발에 박차를 가하고 있어요. 구체적으로 태양 전지의 효율을 높이기 위한 연구를 하고, 풍력 발전의 경우 풍력 터빈용으로 더 강하고 가벼운 재료를 찾기 위해 노력 중이랍니다. 수소에서 전기를 생산해 낼 수 있는 수소 연료 전지의 경우, 촉매의 효율을 더 높이고 수소 기체를 더 저렴하고 친환경적으로 생산하기 위한 방안을 찾고 있어요.

## 》친환경 제품 개발에《
## 힘쓰는 화학

'에너지 저장 장치'로서 전기차 등에 활용되는 배터리의 경우, 성능을 계속 향상시켜 전기차 대중화를 촉진시키고 있어요. 더 나아가 신재생 에너지를 보조 에너지 저장 장치에 사용하는 비중을 키워 나가려고 애쓰고 있습니다.

화학을 통해 세상을 더 깊이 바라보기

또 각종 오염 물질 제거 기술을 통해 공장 폐수와 생활 하수를 친환경적으로 정화하는 방식을 개발하고 있으며, 플라스틱 제품의 재활용률을 높이기 위한 기술 개발에도 힘쓰고 있죠. 또 친환경 농약 개발과 이산화탄소 포집, 저장 또는 전환 기술을 통해 녹색 혁명을 이루기 위한 노력이 끊임없이 이뤄지고 있어요. 인류에게 닥친 심각한 문제들을 하나둘씩 해결해 나가는 화학의 활약을 다 같이 응원하기로 해요.

# 5

# 산소는 누가 발견했을까?

산소

전화기를 발명한 사람은 누구일까요? 바로 그 유명한 벨입니다. 전화기 특허를 제일 먼저 냈기 때문에 벨이 전화기의 아버지가 되었어요. 그런데 안타깝게도 몇 시간 늦게 특허를 낸 사람이 있었어요. 바로 그레이였죠. 이런 비슷한 이야기가 산소 발견에도 있어요.

특허 역사상 가장 극적인 사건을 꼽으라고 하면, 대부분 전화기 발명을 꼽아요. 인류 문명을 한 단계 도약시킨 전화기의 발명자가 벨이 아니었을 수도 있기 때문이죠. 벨이 특허 신청을 하러 가는 길에 사고가 나서 늦게 특허청에 도착했거나, 아이가 아파서 아이를 돌보느라 다음날 특허를 신청하러 갔다면, 전화기의 발명자는 그레이가 되었을 거예요. 왜냐하면 전화기의 발명은 거의 비슷한 시기에 이루어졌는데, 벨의 특허 신청이 그레이보다 불과 몇 시간 빨랐을 뿐이기 때문이랍니다.

실제 개발은 오히려 그레이가 빨랐을 수도 있지만, 특허 등록 시점 기준으로 몇 시간 더 빨랐던 벨은 엄청난 부를 거머쥐게 되었을 뿐만 아니라, 지금까지도 전화기의 아버지로 불리는 큰 영예를 얻게 됩니다. 안타깝게도 지금 그레이는 아무도 기억하지 못하고, 여러분도 대부분 처음 들어 봤을 거예요.

## 》 과학자 셸레, 《 산소를 발견하다

이런 비슷한 이야기가 산소(O) 발견과 관련해서도 있어요. 바야흐로 1700년대로 거슬러 올라갑니다. 셸레라는 과학자는 1772년에 산화수은을 가열해서 어떤 기체를 확보했는데, 이 기체가 연소를 더 잘 시킨다는 사실을 알게 됩니다. 한마디로 산소의 최초 발견이었던 거죠.

그래서 이 엄청난 발견을 세상에 알리기 위해서, 해당 연구 내용을 1775년에 출판사에 보냈는데, 어떤 이유에서인지는 알려지지 않았으나 1777년까지 공개가 되지 않았어요. 아마도 출판사 담당자가 해당 내용을 대수롭지 않게 여긴 것으로 추정이 됩니다. 이 엄청난 결과가 3년간 세상에 공개되지 않았다니, 지금 생각하면 상상도 하기 힘든 일이지요.

## 》 과학자 프리스틀리, 《 산소 발견을 공개하다

1774년 프리스틀리란 과학자는 산화수은에 빛을 쬐어서 산소를 얻는 데 성공하였고, 1775년에 해당 내용을 세상에 공개했습니다. 여러분은 이런 경우에 누가 산소를 처음 발견한 사람이라고 생각하나요? 벨과 그레이 상황처럼, 한 명은 아예 인정이 안 되는 걸까요?

셀레 입장에서는 분명히 자기가 먼저 발견한 것이 맞는데, 이를 알 리 없었던 프리스틀리는 세상에 먼저 공식적으로 발표한 건 자신이라고 말할 수 있죠. 두 사람 모두 업적을 인정받지 못한다면 매우 억울한 일이 될 거예요. 다행히도 후대 학자들은 산소의 최초 발견의 공적은 프리스틀리로 인정하지만, 셀레의 업적도 충분히 인정하고 있답니다.

벨과 그레이의 이야기와 셀레와 프리스틀리의 이야기를 통해서 여러분은 어떤 생각이 드나요? 현대 사회에서 과학 기술의 발전은 그 어느 때보다 빠르게 이뤄지고 있습니다. 과학 기술이

화학을 통해 세상을 더 깊이 바라보기

한 나라의 경제를 좌지우지할 정도로 파급력이 커진 세상을 여러분은 살아가고 있어요. 여러분이 엄청난 과학 기술을 개발했다면, 개발 자체에만 의미를 두면 안 되고, 꼭 특허를 통해 세상에 먼저 알리는 것이 매우 중요하다는 사실을 기억해야 해요.

# 6

# 소변에서 처음 발견된 원소는?

우리는 식물 없이는 살아갈 수 없어요. 채소, 과일, 곡물 등을 제대로 먹지 못하면 건강을 유지하기 어렵기 때문이죠. 이들을 대량 생산하기 위해서는 비료가 핵심인데, 이 비료의 주요 성분은 인 원소예요. 그런데 이렇게 소중한 인이 사람의 소변에서 처음 발견됐다는 사실을 알고 있나요?

인류는 자연과 함께 살아가는 존재이며, 자연을 떠나서는 한시도 살 수가 없답니다. 자연에서 나오는 산소를 마시며 숨을 쉬고, 자연에서 나오는 음식을 먹으면서 살아가지요. 특히 채소, 과일, 현미, 통밀 등 식물성 음식은 건강한 음식의 상징이 되었고, 오늘날 웰빙 음식 산업을 이끌고 있어요. 그런데 이런 식물들이 제대로 자라기 위해서는 다양한 원소들이 필요한데, 이를 공급해 주는 것이 바로 비료의 역할이지요. 비료에는 인(P) 원소가 풍부해서 식물의 성장을 돕는 데 중추적인 역할을 하고 있어요. 한마디로 이 세상에 인이 없다면, 우리는 건강하게 살아가기 어려울지도 모른답니다.

이렇게 소중한 인은 어디서 발견됐을까요? 바로 사람의 소변에서 처음 발견이 되었어요. 1669년 독일의 연금술사 브란트는 금을 만들기 위해 많은 노력을 기울이고 있었죠. 브란트 외에도 당시 많은 연금술사의 관심은 '어떻게 하면 금을 만들 수 있을까?'였어요. 이들은 어떤 물질을 변화시키면 분명히 금을 얻을 수 있다고 강하게 믿었답니다.

## 》 연금술사 브란트, 《 소변에서 인을 얻다

브란트도 그런 연금술사 가운데 한 사람이었는데, 그는 사람의 소변을 가열하고 증류하는 과정을 통해 얻은 물질이 공기에 노출될 경우 빛이 나는 것을 확인하였고, 이를 통해 소변에서 인을 얻는 데 최초로 성공하게 됩니다. 브란트는 금을 찾겠다는 일념으로 수

많은 실험을 진행했고, 모든 가능성을 열어 두고 실험에 임한 덕분에 사람의 소변마저도 실험 대상이 되었던 것이죠. 브란트의 이런 지적 호기심이 아니었다면 인의 발견은 훨씬 늦어졌을 것이고, 그러면 오늘날 우리가 누리는 풍요로운 삶도 그만큼 늦어졌을 거예요. 창의력이 그 어느 때보다 중요한 요즘 시대에 브란트의 지적 호기심은 우리에게 매우 필요하다고 할 수 있겠죠?

오늘날 인은 어떤 모습으로 우리에게 다가올까요? 현재 생산되는 인의 대다수는 인산($H_3PO_4$)을 제조하는 데 사용되고 있어요. 이런 인산이나 인산염은 식품 첨가물에 활용이 되는데, 특히 청량음료에 사용되죠. 인산이 쓴맛과 신맛을 없애 주기 때문에 여러분이 콜라를 맛있게 즐길 수 있는 거예요. 갑자기 브란트의 무모할 정도로 과한 지적 호기심이 매우 고마워진다고요?

게다가 인은 모든 생물체에 필수적인 원소입니다. 인이 없다면 여러분의 몸속에서 생명 활동을 유지하는 데 중요한 역할을 하는 많은 물질들이 존재할 수 없습니다. 예를 들어, 인은 세포막의

화학을 통해 세상을 더 깊이 바라보기

주요 구성 요소인 인지질의 중요한 성분입니다. 세포막은 물질 교환을 조절하며 세포 보호 및 신호 전달에도 관여하는데, 만약 인이 없다면 이러한 필수적인 세포막이 존재할 수 없어요.

또한 인은 에너지 대사에서 핵심적인 역할을 하는 ATP의 필수 구성 요소랍니다. ATP는 세포가 에너지를 저장하고 사용하는 데 중요한 역할을 하고 모든 생명 활동에 필수적이니, 인이 얼마나 소중한지 알겠지요.

인은 유전 물질인 DNA와 RNA의 구성 성분이기도 합니다. DNA와 RNA는 유전 정보를 저장하고 전달하며, 단백질 합성과 세포 분열 등의 과정에서 중요한 역할을 한답니다. 따라서 인이 없으면 생명체의 기본 구조와 기능이 유지될 수 없고, 생명체 그 자체가 존재할 수 없기 때문에 인에 대해서 고마운 마음을 갖기를 바랄게요.

# 7

# 식물에 마그네슘이 부족하면 어떤 일이 일어날까?

우리는 사회를 건강하게 유지하기 위한 '희생정신'의 중요성에 대해 어려서부터 배워 왔어요. 그런데 많은 화학 원소 중에서 희생정신을 갖고 있는 원소가 있어요. 바로 마그네슘이랍니다.

마그네시아(Magnesia)라는 이름에서 유래한 마그네슘(Mg)은 지각을 구성하는 8대 구성 원소 중 하나이고 베릴륨, 칼슘 등과 더불어 알칼리 토금속으로 분류됩니다. 전자 2개를 쉽게 잃어서 +2의 산화수를 갖는 특징이 있고, 녹는점과 끓는점이 2족 원소 중에서는 상대적으로 낮은 편이라 가벼운 금속으로 분류가 되어요.

마그네슘은 산업 현장에서 많이 쓰이는 원소인데, 특히 금속에 또 다른 금속을 섞는 합금 형태로 널리 사용됩니다. 마그네슘에 아연을 섞어 만드는 합금은 가벼우면서도 강도가 강하기 때문에 자동차 엔진 부품과 변속기 등에 사용되지요. 또 항공기의 엔진 부품에도 쓰여서 연비 향상에 크게 기여합니다. 그뿐만 아니라 노트북 컴퓨터와 카메라 등 소형 전자 제품에도 사용되고, 자전거 프레임에도 활용되는 다재다능한 합금이에요.

## 》 철의 부식을 막는 데 《 사용되는 마그네슘

그럼 알루미늄에 마그네슘을 첨가하면 어떤 일이 벌어질까요? 저밀도인 마그네슘이 첨가되면 합금이 더 가벼워질 수 있어서 항공기나 자동차 등의 무게를 줄일 수 있지요. 가공성도 더 좋아져서 다양한 형태로 제작이 가능해진답니다. 게다가 부식이나 침식을 잘 견디는 내식성까지 좋아져서 제품이 쉽게 변형되지 않고, 열전도도 높아져서 다방면에 널리 활용될 수 있어요. 또 마그네슘 금속에 망가니즈를 섞으면 강도가 훨씬 세지고 가공성과 내식성 역시 좋아져서 다양한 분야에서 사용되고 있죠. 그 외에도 마그네슘은 이트륨과 같은 금속과도 합금을 이룰 정도로 다양한 금속들과 협업을 하니, 앞으로도 더 많은 금속과의 합금 형태를 기대해 봐도 좋을 거예요.

그런데 마그네슘은 남다른 희생정신(?)을 갖고 있답니다. 마그네슘은 철보다 쉽게 산화(전자를 잃는 현상 또는 산소와 결합하는 현상)되는 특징을 갖고 있는데, 이를 이용해 대형 선박 표면에 부착해서 철 대신 희생(산화)시켜 철의 부식을 막는 데 사용되어요. 한마디로 '살신성인' 역할을 하지요. 이런 희생정신 덕분에 선박 철판의 내구성이 증대해서, 안전하게 물건을 운반할 수 있도록 합니다.

마그네슘이 이렇게 산업 현장에서만 쓰이는 것이라고 생각하면 매우 큰 오산이에요. 여러분이 종합 영양제를 먹을 때, 성분표를 보게 되면 항상 빠지지 않는 성분이 바로 마그네슘이랍니다. 마그네슘은 우리 몸에 꼭 필요한 미네랄 중의 하나이고, 체내에서 에너지 생성에 필요한 다양한 효소를 활성화시키는 데 도움을 줄 뿐만 아니라 (약 300개 효소의 활성에 관여함) 근육 수축, 이완과 신경 전달에 관여하는 매우 소중한 원소랍니다. 심지어 칼슘과 함께 뼈 건강에까지 관여하니 반드시 채소, 과일, 견과류, 고기 등을 통해 섭취해야 하는 미네랄이에요. 하지만 지나친 마그네슘 섭취는 설사 등을 유발할 수 있으니 영양제로 복용할 때는 꼭 전문가와 상의하면서 섭취하는 게 중요하지요.

화학을 통해 세상을 더 깊이 바라보기

# 》마그네슘이 없다면《
# 식물이 광합성을 할 수 없다

그럼 마그네슘은 사람에게만 유용한 것일까요? 그렇지 않답니다. 마그네슘은 식물의 엽록소 분자의 중심에 위치하고 있을 정도로 중요한 구성 요소입니다. 만약 마그네슘이 없다면 엽록소가 형성될 수 없기 때문에, 당연히 식물은 광합성을 할 수가 없지요. 광합성을 해야 글루코스가 생성되고, 이를 통해 식물 세포는 분열을 하여 성장하게 되는데, 만약 광합성을 제대로 하지 못하면 식물의 성장은 느려질 수밖에 없어요.

식물은 광합성을 통해 다양한 영양소를 만들어 내는데, 광합성을 제대로 못하면 결과적으로 영양소의 결핍이 일어나게 됩니다. 게다가 마그네슘은 식물의 뿌리에서부터 잎까지 영양소를 운반하는 데 도움을 줄 뿐만 아니라 식물 내 여러 효소의 활성을 촉진함으로써 생명 유지에 필요한 다양한 생화학 반응에 도움을 주지요. 식물 내에 마그네슘이 부족해지면 잎이 노랗게 변하고 광합성이 저하되는 현상이 발생하기 때문에, 마그네슘은 이 세상 모든 생명체에게 매우 고마운 원소라는 것을 꼭 기억하기 바랄게요.

소시지 속 아질산나트륨은
그 자체로도 독성이 있지만
우리 위 속에서
화학 반응을 일으켜서

'니트로사민'이 된다고!
발암 물질이야!

냠

힉!

그럼
어떻게
해야 하지??

연구에 따르면 비타민C가
그 화학 반응을 어느 정도
늦춰 준다고...

여기
오렌지 주스
하나요!!!

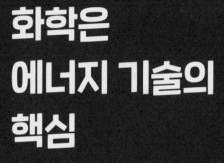

**2**장

# 화학은
# 에너지 기술의
# 핵심

# 8

배터리
기술의
핵심 원소는?

Li

리튬

대한민국은 세계에서 손꼽히는 수출 강국입니다. 반도체, 핸드폰, 가전, 자동차 등 많은 제품이 세계 여러 나라에서 사랑받고 있어요. 최근에는 배터리 분야에서도 선두를 달리고 있는데, 이 배터리 기술의 핵심에는 리튬이 있습니다.

대한민국은 경제 규모 측면에서 세계 10위의 경제 대국이에요 (2020년 GDP 기준). 1950년대까지만 해도 매우 가난하게 살던 나라였는데 이제는 경제 강국이 되었고, 많은 나라가 한국의 경제 성장을 배우려고 노력하고 있어요. 도대체 어떻게 이렇게 빠른 속도로 세계에서 유래를 찾기 힘든 경제 성장을 이룰 수 있었을까요? 게다가 우리나라는 석유 한 방울 나지 않아 석유는 물론 수많은 자원 및 농수산물을 수입해야만 하거든요.

수입하려면 많은 돈이 필요한데도 이렇게 급속한 경제 성장을 이룬 이유는 바로 수출 덕분이에요. 메모리 반도체, 자동차, 디스플레이, 핸드폰, 가전, 플라스틱, 바이오 의약품 등 현대 사회에서 꼭 필요한 제품을 뛰어난 품질로 만드는 능력 덕분에 전 세계인들이 우리 제품을 애용하면서 높은 경제 성장을 이룰 수 있었죠. 그런데 이런 품목들 외에 추가로 대한민국이 강한 분야가 생겼는데 바로 '배터리'(battery)입니다.

## 》 배터리 양극의 《 핵심이 리튬

배터리는 대표적인 에너지 저장 장치로서, 전기차, 전기 오토바이, 핸드폰, 에너지 저장 시스템(ESS) 등에 필수적인 부품이에요. 특히 최근 전기차 시장이 폭발적으로 성장하면서 배터리 수요 역시 급증하고 있죠. 그 이유는 매연을 배출하지 않는 친환경적인 요소 때문이에요. 유럽에서는 2035년 이후 휘발유차와 경유차의

판매가 금지되어서 앞으로 전기차 수요가 더더욱 폭발적으로 늘어나리라 예상돼요. 이렇게 매력적인 배터리 분야에서 대한민국은 세계 최고 수준의 기술력을 보유하고 있고, 세계 10위 안에 드는 배터리 회사 중에 우리나라 회사가 무려 3개(LG에너지솔루션, 삼성SDI, SK온)나 있을 정도랍니다(2023년 기준).

배터리는 크게 양극, 음극, 분리막, 전해액으로 구성되는데, 이중 양극의 핵심이 리튬(Li)이에요. 핸드폰을 충전하기 위해서 충전기를 연결하면, 양극에 있던 산화물(산소가 붙어 있는 상태) 형태의 리튬이 전자를 잃은 리튬 양이온($Li^+$) 상태로 음극으로 이동하게 돼요. 이것을 '충전 과정'이라고 합니다. 충전 완료라는 표시가 떴다면 그것은 양극에 있던 리튬들이 모두 음극으로 이동했다고 보면 되죠.

그 상태에서 핸드폰으로 영상을 시청하거나 게임을 할 수 있는 이유는, 음극에 있던 리튬이 리튬 양이온($Li^+$) 상태로 전해액을 통과해서 다시 양극으로 이동하게 되는 일명 '방전 과정'이 있기 때문이에요. 그래서 '충전, 방전 과정'은 결국 리튬이 양극과 음극 사이를 이동하는 과정이라고 보면 되죠. 여기서 전해액은 리튬이 지나가는 통로이고, '분리막'은 '양극'과 '음극'이 직접 닿지 못하게 하는 역할을 해요. 양극과 음극이 직접 닿으면 불이 일어나는 발화 현상이 생깁니다.

그럼 배터리의 핵심 요소인 리튬은 어떤 특징이 있는지 좀 더 알아볼까요? 리튬은 주기율표에서 알칼리 금속 그룹에 속하며,

화학은 에너지 기술의 핵심

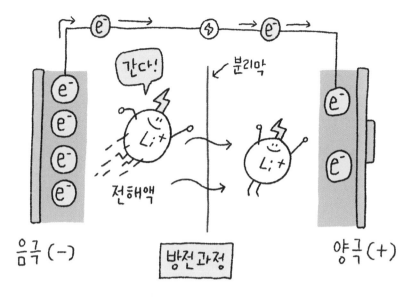

은백색을 띱니다. 실온에서는 고체이고 밀도가 낮아서 물 위에 뜰 수도 있죠. 반응성이 매우 높아서 공기 중에서도 쉽게 부식이 되며 물과도 쉽게 반응하기 때문에, 배터리 산업에서 리튬을 다룰 때 주의를 많이 기울이곤 한답니다. 리튬은 여러 원소들과 화합물을 형성할 수 있으며, 실제 다양한 산업 분야에서 리튬 염류(lithium salt) 형태로 쓰여요.

## 》 전 세계는 《
## '리튬 찾기' 중?

리튬이 특히 배터리 분야에서 널리 사용되다 보니 지금 전 세계는 '리튬 찾기'에 열을 올리고 있어요. 리튬 자체는 반응성이 높아서

그 자체로는 발견이 안 되고 스포듀민과 같은 다양한 광물에 존재하지요. 특히 칠레, 오스트레일리아, 아르헨티나, 중국 등에 매장량이 많다고 알려져 있어요.

안타깝게도 우리나라는 리튬이 채굴되는 나라가 아니기에 리튬을 전량 수입해야 합니다. 리튬을 수출하는 나라에서 가격을 올리거나 생산량을 조절하면, 그만큼 우리나라 배터리 산업도 영향을 받게 되죠. 하지만 앞으로 '리튬 채굴 및 추출 기술'이 점점 발달하게 되면, 세계 여러 나라에서 발견이 될 거예요. 우리나라로서는 리튬 수입을 할 수 있는 선택지가 넓어지기 때문에 더 밝은 미래를 기대해 볼 수 있어요.

리튬은 배터리 분야 외에도 화합물 형태로 의학 분야에서 활용되고 있는데, 특히 기분을 안정시켜서 소아, 청소년, 성인 모두에게 공격성을 줄여 주는 데 효과가 있다고 해요. 과학자들이 계속해서 새로운 응용 분야를 찾고 있기 때문에 앞으로도 무궁무진한 리튬의 활약을 기대해 봐도 좋을 것 같아요.

화학은 에너지 기술의 핵심

# 9

Na

소듐

# 도전의
# 상징인 원소가
# 있다고?

소듐은 우리가 매일 먹을 정도로 친숙한 원소이지만 이제는 에너지 저장 장치로도 활용될 수 있어요. 그런데 이런 소중한 원소의 발견이 쉽지 않았다고 해요. 왜 소듐의 발견이 도전의 상징으로 불리는지 알아보아요.

지각에서 6번째로 풍부한 원소인 소듐(Na)은 영어 이름이 소듐 (sodium, 아라비아어 '소다(Soda)'에서 유래)이고 독일어로 나트륨 (Natrium, 이집트의 천연 화합물 나트론(Natron)에서 유래)일 뿐 같은 원소입니다. 소듐은 화합물의 형태로 주로 발견되며, 우리 인간의 신진대사에 매우 중요한 역할을 하는 미네랄 중 하나입니다. 리튬, 포타슘 등과 더불어 알칼리 금속이라고 불리며, 전자 1개를 잃어 주로 +1의 산화 상태로 존재하죠. 우리가 먹는 '소듐 금속'도 사실은 '소듐 양이온'($Na^+$)의 형태입니다.

이렇게 우리 몸에 들어온 소듐 양이온은 우리 몸에서 세포 바깥에 있는 모든 액체인 세포 외 액의 주성분이고, 근육 수축, 신경 기능 및 체액 균형 조절에 중요한 역할을 하죠. 소듐은 이 세상 생명체에게 매우 필수적인 원소입니다.

## 》 위험을 무릅쓴 《
## 화학자의 도전 정신

소듐의 발견은 1807년으로 거슬러 올라가요. 영국의 화학자 험프리는 전기를 이용해 수산화소듐(NaOH)을 분해해서 소듐을 얻는 데 성공했어요. 하지만 이 방법은 당시에 매우 위험했어요. 분해하는 과정에서 화학 반응 때문에 폭발이 일어나기도 했을 정도로 위태로운 방법이었는데, 만약 험프리가 포기했다면 소듐의 발견은 훨씬 더 늦게 이뤄졌을 거예요. 위험을 무릅쓴 화학자의 도전 정신 덕분에 소듐이 발견되고, 요즘 다양한 분야에서 널리 쓰이게 된 것이죠.

소듐은 매년 약 10만 톤을 생산할 정도로 다양한 분야에 널리 활용되고 있어요. 염소와 결합한 화합물인 염화소듐($NaCl$)은 방부제나 식품 첨가물로 활용되고, 수소와 결합한 화합물인 소듐 하이드라이드($NaH$)는 환원제(화학 반응에서 다른 물질을 환원시키고 자신은 산화되는 물질)로 쓰여요. 그뿐만 아니라 비누, 유리 등의 원료나 아미노산 제조 및 의약품 등에 널리 활용되는 탄산소듐($Na_2CO_3$), 식용유 정제와 알루미늄 제조 및 이산화탄소 흡수제 등으로 활용되는 수산화소듐($NaOH$) 등 다양한 소듐 화합물이 여러 산업 분야와 일상에서 유용하게 쓰이고 있어요. 게다가 소듐은 바닷속에 매우 많기에 경제적 매력이 높아 지금도 다양한 합성으로 소듐 화합물을 만들어 새로운 용도를 찾고 있지요.

## 》 차세대 에너지 저장 장치로 《 각광받는 소듐 이온 전지

그중에서도 과학자들은 에너지 분야에 관심이 많답니다. 대표적인 예시가 바로 소듐 이온 전지인데, 현재 배터리로 널리 상용화된 리튬 이온 전지를 대체하기 위한 대안으로 각광을 받아요. 소듐 이온 전지와 리튬 이온 전지는 사용되는 주 원소만 다를 뿐인데, 왜 이렇게 소듐에 관심을 가질까요? 바로 소듐이 리튬보다 훨씬 더 자연계에 많이 존재해 가격 측면에서 매우 경제적이기 때문이죠. 게다가 리튬은 우리나라가 전량 수입해야 해서, 해당 국가

와의 관계가 중요한 변수가 되지만, 소듐은 당장 우리나라를 둘러싼 바닷물에서 바로 채취할 수 있죠. 다른 나라의 생산량을 신경 쓸 필요가 전혀 없어 경제적으로 확보 가능한 원소인데 차세대 에너지원이 될 수 있다니 정말 좋지요?

구체적으로 소듐은 전지의 음극으로 사용되는데, 염화소듐($NaCl$)을 주로 사용하고 있어요. 전기가 흐르는 '방전 과정'에서는 소듐 이온($Na^+$)이 음극에서 양극으로 이동을 하며, '충전 과정'에서는 양극에서 음극으로 이동하게 돼요. 높은 에너지 밀도를 갖고 있어서 많은 양의 에너지를 저장할 수 있는 차세대 에너지 저장 장치로서 커다란 관심을 받고 있어요. 우리나라뿐만 아니라 여러 나라에서 개발에 박차를 가하고 있지만 상용화를 위해서는 아직 넘어야 할 벽이 남아 있답니다. 소듐 이온 전지의 충, 방전 효율이 낮다는 큰 단점이 있지만, 과학자들이 이를 극복하고 상용화를 하게 된다면 우리는 더 싼 가격에 전기차를 구매할 수 있을 거예요. 만약 우리가 이 분야를 선도하게 된다면 대한민국의 미래는 더더욱 밝아지겠죠?

　　　　　　　　　　　　　　　　　　화학은 에너지 기술의 핵심

# 10

# 가장 가벼운 원소는?

우리는 전기의 도움을 받으면서 살아갑니다. 그런데 전기 생산 방식은 환경뿐 아니라 경제적인 문제점도 안고 있죠. 이런 문제를 해결하는 데 수소가 희망이 될 수 있다고 해요.

수소(H)는 이 세상에 존재하는 원소 중에 가장 작은 원자이며, 원자 2개가 결합한 수소 분자($H_2$)가 안정한 상태예요. 수소는 매우 가볍고, 지구의 지각권에서는 주로 화합물의 형태로 존재하죠. 지각에서 10번째로 많은 원소일 정도로 우리가 수소를 떠나서 산다는 것은 상상할 수 없어요. 수소 분자($H_2$)는 1기압에서 무색, 무취, 무미라서 일상에서 이를 알아차릴 수는 없지만, 공기와 섞여 있을 때 열이나 불꽃 등 외부 자극에 의해 쉽게 폭발하는 가연성 기체입니다.

수소는 다른 원소와 잘 결합하는데 산소와 결합해서 물($H_2O$)이 되고, 불소와 결합해서 불화수소(HF)가 되고, 염소와 결합해서 염화수소(HCl)가 되어요. 수소가 전자를 잃으면 수소 양이온($H^+$)이라고 하는데, 이 수소 양이온의 양에 따라서 해당 물질의 산성도가 결정됩니다.

# » 친환경 에너지의 희망, «
# 수소 연료 전지 발전

최근에 수소가 전 세계적으로 주목을 받고 있어요. 우리가 전기를 얻기 위해서는 석탄 화력 발전소, 원자력 발전소, 액화 천연가스 발전소, 태양광 발전소 등에 의존해야 하죠. 그런데 석탄 화력 발전소의 경우 이산화탄소가 매우 많이 발생해서 지구 온난화 문제를 일으키고, 미세 먼지도 많이 발생한다는 큰 단점이 있어요. 원자력 발전소는 전기 생산 비용이 저렴하지만, 폐기물 문제와 지역 주민의 반발 등으로 추가 건립하기가 어렵고요. 액화 천연가스 발전소 역시 이산화탄소 발생 측면에서 큰 단점을 갖고 있기에 쉽게 짓지 못하지요. 태양광 발전소는 전기 생산 비용이 아직 비싸고, 태양 빛에 노출될 때만 전기가 생산된다는 문제가 있죠. 그래서 새로운 친환경 에너지 발전에 전 세계적인 관심이 매우 높은 상황입니다.

대표적인 대안으로 각광받고 있는 에너지 기술이 '수소 연료 전지 발전'이에요. 화학 에너지를 전기 에너지로 직접 변환할 수 있는 효율적이고도 친환경적인 전지이기 때문에 과학자들이 관심이 많아요. 수소 전지는 음극에서 '특정 촉매'에 노출시켜 수소를 분해함으로써, 수소 양이온($H^+$)과 전자($e^-$)를 발생시켜 전자를 외부 회로로 이동시키면서 전류를 발생시키는 전지예요. 이때 수소 양이온이 전해질을 통과해서 양극으로 가면, 외부 회로를 지나온 전자가 외부의 산소($O_2$)를 만나서 물($H_2O$)이 생성됩니다. 전기

를 발생시키면서 무해한 물만 나온다니 친환경적인 매력이 철철 넘치죠? 그래서 많은 국가와 기업 및 과학자들이 관심을 갖고 개발한 덕분에 현재 상용화되어 전기를 생산하고 있습니다.

## 》촉매가 매우 고가라는《 치명적인 단점이 있어

그런데 당장 석탄 화력 발전소와 원자력 발전소를 대체하지 못하는 여러 이유가 있어요. 무엇보다 사용되는 촉매가 백금인데 매우 고가라는 치명적인 단점이 있고 수소를 생산하는 비용이 저렴하지 않아요. 수소를 생산하는 대표적인 방법은 '수증기 개질법'인데, 높은 온도(700~1100℃)에서 메테인($CH_4$)과 수증기($H_2O$)를 반응시켜서 수소를 얻는 거예요. 하지만 고온이라는 높은 에너지를 필요로 하고, 수소 외에 이산화탄소가 발생하기 때문에 환경 측면

　　　　　　　　　　　　　　화학은 에너지 기술의 핵심

에서 바람직한 방법이 아니에요. 이외에도 다양한 방법들이 존재하고, 지금 이 순간에도 더 경제적이고 친환경적인 수소 생산 방법이 개발 중입니다. 값비싼 '백금 촉매'를 다른 물질로 대체하려는 노력도 활발히 진행 중이니, 가까운 미래에는 친환경 수소 연료 전지 발전이 더 보편화될 것으로 예상돼요.

　이렇듯 수소는 우리가 매일 마시고 신체에 필수적인 물을 이루는 구성 요소일 정도로 친숙한 원소이지만, 새로운 에너지원으로 각광받고 있다는 사실을 기억하기 바랄게요.

# 11

## '악마의 구리'라고 불렸던 원소는 ?

니켈은 현대 사회에서 매우 중요한 원소입니다. 전기차 시대가 열리면서 배터리 기술이 중요해졌는데, 니켈은 리튬 이온 배터리에 활용되고 있기 때문이에요. 이렇게 중요한 니켈이 사실은 악마와 관련이 있다고 해요.

바야흐로 중세 시대로 거슬러 올라갑니다. 독일의 광부들이 특이한 광석을 발견했는데, 색깔이 구리색을 띠고 있었어요. 당연히 광부들은 이 광석에 구리가 있다고 확신하고 이를 추출하려고 많은 노력을 기울였어요. 구리는 팔면 바로 돈이 되는 금속이었기 때문이죠.

그런데 아무리 노력해도 기대했던 구리는 나오지 않고, 추출 과정에서 이상한 증기만 발생하는 일이 벌어졌어요. 이 이상한 증기는 매우 유독했는데, 광부들은 원하던 구리는 하나도 얻지 못한 채 나쁜 증기만 들이마셨으니 기분이 좋을 리가 없었죠. 그래서 이 이상한 광석을 쿠페르니켈('악마의 구리'라는 뜻)이라는 부정적인 이름으로 불렀답니다. 구리라고 오해한 것도 모자라 악마라고 악담까지 퍼붓는 상황이었죠.

사실 당시에 구리가 추출될 수 없었던 건 해당 광석이 비소화니켈(NiAs)이었기 때문입니다. 시간이 흘러 이 비소화니켈 광석에서 흰색 금속을 분리해 내는 데 성공했고, 원래 쿠페르니켈(kupfernickel)의 이름에서 kupfer(구리)를 떼서 니켈(Nickel)이라고 명명하게 되었어요.

## 》 주방용품에 널리 사용되는 《
## 스테인리스강

이렇게 악마의 어원을 지닌 니켈(Ni)은 오늘날 어떤 모습일까요? 은백색 광택이 나고 강도도 강할 뿐 아니라 높은 녹는점을 가진 니켈의 대표적인 활용 형태가 바로 합금이에요. 철에 니켈과 크로뮴을 섞어서 합금을 만들면 이게 바로 스테인리스강입니다. 녹이 잘 슬지 않고 강도도 강하기 때문에, 각종 그릇과 프라이팬 등의 주방용품에 널리 사용이 되죠. 이외에도 항공 우주 분야 등 다양한 산업에서 활용되고 있어요.

니켈은 최근에 '리튬 이온 배터리'에도 활용되고 있을 정도로 중요도가 높아지고 있어요. '리튬 이온 배터리'의 핵심 구성 요소인 양극재에 사용되는데, 니켈이 함유될 경우 에너지 밀도가 높아지기 때문에 배터리가 더 많은 에너지를 저장할 수 있고, 더 오랜 시간 에너지를 제공할 수 있게 됩니다. 게다가 니켈이 함유된 양극재는 여러 번 충, 방전이 돼도 성능이 유지되는 능력이 뛰어나죠. 배터리 제조 회사들은 니켈을 안정적으로 공급받기 위해 노력을 기울일 뿐 아니라, 니켈의 가격 변동에도 민감하게 반응할 수밖에 없답니다.

## 》 형상 기억 합금에도 《 사용되는 니켈

니켈은 '형상 기억 합금'에도 사용될 정도로 다양한 활용도를 자랑한답니다. 형상 기억 합금은 특정 온도 이상으로 가열되면 원래의 형태로 돌아가는 합금인데, 치과 교정 기구나 위성의 안테나 및 로봇 공학에서 활용되어요. 니켈이 타이타늄과 합금을 이룰 경우, 형상 기억 효과를 낼 수 있다는 사실이 너무 놀랍지 않나요?

악마라는 어원을 갖고 있지만, 이렇게까지 우리 생활을 편리하게 도와주는 악마는 이 세상에 없을 거예요. 앞으로도 이 유용한 악마(?) 원소의 활약상을 같이 지켜보기로 해요.

# 12

# 영양제인 아연이 전기를 만들어 낸다고?

Zn

아연

 '아연' 하면 영양제가 생각나나요? 사실 아연은 전기 화학 역사에 서 매우 중요한 원소예요. 전기차가 빠르게 대중화된 이유는 바로 배터리 기 술의 발달 때문입니다. 배터리 기술이 태동하게 된 역사를 거슬러 올라가면 등장하는 원소가 아연이죠.

자동차 패러다임이 빠르게 바뀌고 있어요. 휘발유나 경유 등 화석 연료에 의존하는 자동차 산업이 이제는 엔진조차 필요로 하지 않는 전기차와 같은 친환경 자동차로 전환이 이뤄지고 있어요. 매연을 전혀 내뿜지 않는 전기차는 충전 시설이 확대되면서 더더욱 우리 사회에 빠르게 자리 잡을 것으로 기대됩니다. 이렇게 패러다임의 전환을 이끄는 전기차가 대중화될 수 있었던 이유는 바로 배터리 기술의 발달 덕분이에요. 만약 전기차를 탔는데, 1시간 만에 방전돼서 다시 충전해야 한다면, 아무도 전기차를 사지 않을 거예요.

## 》 전기 화학의 선구자, 《
## 아연

배터리 개발의 역사를 거슬러 올라가 볼까요? 1700년대 후반 이탈리아 과학자 갈바니는 흥미로운 실험을 합니다. 개구리의 다리 근육에 구리와 아연($Zn$)으로 만든 금속 막대를 접촉시켰을 때 근육이 반응을 했던 것인데, 특히 수축까지 한다는 사실을 알게 되었죠. 이 발견에 영향을 받은 이탈리아 과학자 알렉산드로 볼타는 아연과 구리와 산성 용액을 이용해 전기를 생성해 내는 데 성공합니다. 아연과 구리의 화학 반응을 이용해 전기를 생성한 것은 전기 화학에서 혁명적 실험 결과였죠. 전압의 단위 볼트(Volt)가 그의 이름에서 비롯될 정도로, 볼타의 업적은 많은 학자에게 큰 영향을 주었어요. 이런 엄청난 성과에 의해 전기 화학 분야는 빠르게 발전을 거듭했고, 지금 전기차에 탑재된 리튬 이온 배터리도

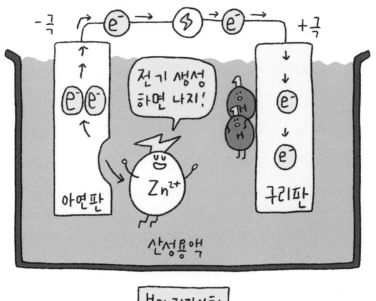

볼타 전지실험

개발될 수 있었어요.

## 》활성 산소를 제거하는 데《
## 도움을 주는 아연

그럼 아연은 전기 화학 분야에서만 중요할까요? 아연은 우리 몸
속에서도 너무나 중요한 역할을 해요. 누구나 천천히 노화가 진행
되기를 바라는데, 노화의 주원인 중 하나가 바로 활성 산소입니
다. 활성 산소가 세포 손상을 일으켜서 다양한 질병을 유발하고
노화를 촉진시키기 때문에 이를 얼마나 효율적으로 제거하느냐
가 건강에 매우 중요하지요. 그런데 다행히도 우리 몸 안에는 이

런 활성 산소를 제거할 수 있는 효소가 있어요. 그 효소는 슈퍼옥시드 디스무타아제(SOD)인데, 활성 산소 중 슈퍼옥시드 라디칼($O_2^-$)을 무해한 분자로 전환시키는 역할을 해요. 왜 슈퍼옥시드 디스무타아제 효소가 충분해야 하는지, 왜 그것의 활성이 중요한지 쉽게 이해가 갈 거예요.

그런데 슈퍼옥시드 디스무타아제 효소를 이루는 구성 요소 중에 금속 성분이 매우 중요한 역할을 하는데, 이 금속 성분 중 하나가 바로 아연이에요. 아연은 이온 형태로 존재하면서 슈퍼옥시드 라디칼($O_2^-$)의 라디칼을 제거함으로써 이를 무해한 분자로 바꿔 줘요.

아연은 면역 체계의 기능을 유지시키는 데 도움을 줄 뿐만 아니라 DNA 합성, 백혈구의 생성에도 기여합니다. 왜 아연이 필수 미네랄인지 쉽게 이해가 갈 거예요. 그럼 지금 당장이라도 아연 영양제를 사러 가야 할까요? 과유불급! 아무리 몸에 필요해도 과잉 섭취할 경우 체내 구리 흡수를 방해해서 빈혈 및 신경계에 영향을 줄 수 있다는 사실도 꼭 기억하기 바랄게요.

# 13

# 붕소는 핵융합에서 어떤 역할을 할까?

원자력 발전은 핵분열을 이용하는데, 최근에는 핵융합 에너지가 미래 에너지로서 큰 관심을 받고 있어요. 그런데 붕소가 핵융합에서 매우 중요한 역할을 한다고 해요. 왜 그런지 같이 살펴볼까요?

여러분은 전기가 없는 삶을 상상할 수 있나요? 우리는 전기의 도움을 얻어 실내에서 빛을 얻고, 모든 전자 제품은 전기로 작동이 되며, 전기로 움직이는 지하철을 탑니다. 여러분의 핸드폰은 전기가 없다면 충전할 수 없으니 바로 무용지물이 될 거예요. 이런 전기는 어디서 얻을까요? 우리나라는 석탄 화력 발전소와 원자력 발전소의 비중이 높은데, 이 중 원자력 발전소는 이산화탄소 배출량이 거의 없어서 화력 발전에 비해 친환경적인 측면이 강하답니다.

　　원자력 발전은 핵분열 현상을 이용합니다. 핵분열은 우라늄과 같은 무거운 원소의 원자핵이 중성자와 충돌해서 가벼운 원자핵으로 쪼개지는 현상을 의미하며, 이때 감소한 질량만큼 에너지가 발생하게 되지요. 이렇게 발생한 에너지를 이용해서 물을 끓일수가 있는데, 이때 발생한 증기를 통해 터빈이 돌아가면서 전기가만들어져요.

## 》 핵폐기물, 방사능 노출의 《 위험이 큰 원자력 발전

석탄 화력 발전소는 석탄을 태우기 때문에 방대한 양의 이산화탄소가 대기에 뿜어져 나와 원자력 발전이 상대적으로 더 선호되죠. 하지만 원자력 발전소는 핵폐기물 문제나 폭발 시 방사능 노출에 대한 우려가 큰 것도 사실이에요. 과학자들은 새로운 청정에너지를 찾기 위해서 많은 노력을 기울였고, 그중에서 가장 각광받는 분야가 바로 핵융합 기술입니다.

핵융합은 수소와 같이 가벼운 원자핵들이 반발력을 이기고 무거운 원자핵으로 융합하는 과정에서 감소된 질량만큼 에너지가 발생하는 현상입니다. 많은 과학자가 핵융합에 열중하는 이유는 '고준위 방사성 폐기물'이 없고, 이산화탄소가 발생하지 않을 뿐 아니라 폭발 시 사고의 위험성이 매우 낮기 때문이에요. 기존 원자력 발전의 단점을 보완할 수 있겠죠?

## 》붕소가 높은 온도를 《
## 제어해 줘

이렇게 매력적인 핵융합 기술을 상용화하기 위해서 전 세계 국가들이 연구 개발에 매진하는 상황인데, 여기서 붕소(B)가 매우 중요한 역할을 한다니 놀랍지 않나요? 핵융합 반응은 높은 온도와 압력에서 원자핵이 결합해서 더 무거운 원자핵을 형성하는데, 붕소 화합물이 플라스마$^*$ 내에 주입돼서 플라스마 온도를 조절하는 역할을 합니다. 한마디로 플라스마의 안정성을 유지시켜 주는 중요한 역할을 하기에, 핵융합 반응의 효율성과도 연관이 있죠. 붕소의 역할이 없다면 높은 온도를 제어하기가 어려웠을 테니 그만큼 핵융합 기술의 상용화는 멀어지게 될 거예요. 아직은 연구 개발의 초기 단계이지만 앞으로 여러 난제를 하나둘씩 해결하다 보면, 언젠

★ 전하를 띠고 있는 입자(양이온과 전자)들이 자유롭게 움직이고 있는 상태이며, 이 입자들이 중성 기체와 섞여 전체적으로 전기적 중성을 유지하고 있는 상태.

화학은 에너지 기술의 핵심

가는 핵융합으로 발생한 전기를 사용하는 날이 오겠죠?

　그럼 붕소는 에너지 측면에서만 중요할까요? 당연히 다른 여러 분야에서 유용하게 사용되는 원소인데, 특히 농업에서 큰 역할을 담당합니다. 식물 성장에 필수적인 미량 원소이기 때문에, 우리 몸에 좋은 채소, 과일은 붕소에 의존을 많이 하지요.

# 14

**황이
전쟁의 역사를
바꿨다고
?**

인류 역사상 전쟁이 없던 시기는 손에 꼽을 정도이며, 인류의 역사는 전쟁의 역사라고도 하지요. 전쟁은 경제 및 사회 구조와 인구 구성에 변화를 주었을 뿐 아니라 이를 통해 과학 기술의 발전을 촉진하기도 했어요.

전쟁은 절대 일어나서는 안 되는 일 중 하나입니다. 하지만 불행히도 인류 역사상 전쟁이 없었던 시기는 매우 짧으며, 지금도 지구 어디에선가는 전쟁이 일어나고 있어요. 전쟁이 끔찍한 것은 사실이지만, 이를 통해 인류는 다양한 영향을 받게 됩니다. 전쟁을 통해 국가의 경계가 재정립되기도 하고, 한 나라의 경제가 좌지우지되기도 하며, 사회 구조의 변화를 촉발하기도 하죠. 그뿐만 아니라 전쟁을 준비하는 과정에서 과학 기술이 빠르게 발달하니, 전쟁의 양면성이라고 할 수 있겠네요.

전쟁으로 가장 큰 변혁이 일어난 계기는 바로 화약의 발명입니다. 중국에서 처음 발명한 '흑색 화약'은 전 세계의 전쟁 양상을 완전히 바꿔 놨으며 이때부터 군사 관련 기술이 빠르게 발달하게 되죠. 아이러니한 것은 영국이 중국에서 최초로 발견한 화약으로 만든 무기로 중국에 항복을 받아 내고, 홍콩을 지배하게 되었다는 사실이에요. 과학 기술은 최초도 중요하지만, 응용도 매우 중요하다는 것을 우리에게 알려 줍니다.

전쟁의 역사를 바꾼 화약은 황(S)과 관련이 있다는 사실을 들어 봤나요? '흑색 화약'의 주성분이 바로 황인데, 이는 화약의 발화를 촉진하는 역할을 해요. 황은 낮은 온도에서 연소하기 때문에 화약이 더 쉽게 점화될 수 있도록 한 것이죠.

황은 냄새가 고약해서 고대 사람들은 황의 특유한 냄새를 다양한 목적으로 사용했어요. 고약한 냄새가 악령을 쫓아내고 질병을 예방할 수 있다고 믿어서 여러 의식에서 사용했다고 하니, 황이 옛날부터 얼마나 유용하게 쓰였는지 알 수 있죠?

## » 차세대 기술로 《
## 각광받는 리튬 황 배터리

그럼 오늘날의 황은 어떤 모습으로 우리에게 다가올까요? 에너지 저장 분야의 선두 주자인 배터리에서 차세대 기술로 각광을 받는 리튬 황 배터리의 중추적인 역할을 하고 있어요. 리튬 황 배터리는 현재 상용화된 리튬 이온 배터리의 대안으로 활발히 개발되고 있으며, 황을 전극으로 활용하는 기술입니다. 충전 시 리튬 금속으로 구성된 전극에서 리튬 이온($Li^+$)이 방출돼서 전해질을 통해 다른 황 전극으로 이동을 하게 됩니다. 이때 발생한 전자는 외부 회로를 통해 흐르고, 황 전극에 도착한 리튬 이온은 황과 반응해서 황화리튬($Li_2S$) 화합물을 형성하게 되죠. 방전할 때는 황화리튬 화합물이 리튬 이온과 황으로 분해되며, 발생한 리튬 이온은 다시 원래의 전극으로 이동합니다.

그런데 리튬 황 배터리가 크게 관심을 받는 이유는 대량의 에너지를 저장할 수 있다는 장점 때문이에요. 황이 많은 양의 리튬 이온과 반응할 수 있거든요. 상용화까지 몇 가지 난제가 남아 있기는 하지만, 전 세계 과학자들이 열심히 노력하고 있으니 조만간 리튬 황 배터리가 장착된 전기차를 타고 이동하는 날을 기대해 봐요.

# 3장

# 시대에 따라
# 가치가 달라진
# 원소들

# 15

# 노화 속도를 늦춘다고?

Se

셀레늄

 셀레늄이 지금으로 치면 '악성 루머'에 시달렸다는 사실을 알고 있나요? 이제는 그 악성 루머를 극복하고 다양한 분야에 사용되며 당당히 가 치를 높이고 있어요. 도대체 어떤 악성 루머였는지 궁금하지요?

원자 번호 34번인 셀레늄(Se)은 억울함이 많은 원소예요. 지나친 누명(?)으로 인해 원소가 발견되고 나서도 무려 100년 가까이 사용되지 못했습니다. 처음 발견됐을 때, 공장 노동자들에게 큰 독성을 일으켜서 그저 독성이 강한 원소로만 치부됐던 거예요. 위험성은 어떤 원소든 있기 마련인데, 셀레늄의 유용한 용도는 찾아볼 생각도 못 한 채, 무려 100년간 잠들어 있었죠.

그렇게 억울함을 안고 살아가던 셀레늄이 광명을 찾게 된 것은 바로 1873년 '광전도체 성질'이 발견되고 나서랍니다. '광전도체'는 빛에 노출될 때 전기 전도도가 높아지는 물질인데, 구체적으로 빛 에너지를 흡수해서 전자를 발생시키거나 전자를 더 높은 에너지 상태로 옮길 수 있게 됩니다. 이 전자들은 전기 전도도를 증가시킬 수 있는 '전하 캐리어(전하를 이동시키는 입자)'로 작용할 수 있게 되고요. 이런 특성은 광센서, 디지털카메라의 이미지 센서 등에 활용될 수 있는데, 요즘 같은 첨단 세상에 너무나 소중한 원소이지요. 이렇게 뛰어난 성질을 가진 셀레늄의 입장에서는 100년간 억울한 소문에 시달린 점이 너무 속상할 듯합니다.

## 》 '달'을 의미하는 《
## '셀레네'에서 따온 이름

하지만 멋진 이름을 얻은 건 큰 위안이 될 거예요. 셀레늄은 스웨덴의 화학자 베르셀리우스에 의해서 발견이 됐는데, 셀레늄이란 이름은 먼저 발견된 텔루륨(Tellurium)과 관련이 있어요. 텔루륨은 지구를 뜻하는 텔루스(Tellus)에서 유래했는데, 종종 셀레늄이 텔루륨과 함께 발견되기 때문에, 지구와 달이 같이 움직이듯이 셀레늄의 이름을 지을 때 달을 떠올리게 된 것은 지극히 당연한 거라 볼 수 있어요. 그래서 그리스어로 '달'을 의미하는 '셀레네(Selene)'를 따서 셀레늄(Selenium)이라고 명명했지요.

　게다가 실제 셀레늄의 색깔은 분말 형태에서 다양한 색을 띠는데, 회색 셀레늄은 금속과 유사한 광택을 띤답니다. 달은 태양에서 오는 빛을 반사해서 빛나기 때문에 이 새로운 원소의 이름을

　　　　　　　　　시대에 따라 가치가 달라진 원소들

지을 때 달의 의미를 이용한 것은 매우 센스 있는 명명법이라 할
수 있어요.

## 》필수 영양소 《
## 셀레늄

과학자들의 연구가 왕성해지면서 셀레늄이 우리 몸과 관련이 있
다는 사실이 발견돼요. 셀레늄이 포유동물에게 필수 영양소라는
사실이 밝혀졌고, 세계 보건 기구(WHO)에서는 공식적으로 셀레
늄을 필수 영양소로 인정했습니다. 실제로 셀레늄이 '티오레독신
환원 효소'와 같은 '항산화 역할'을 하는 특정 효소의 구성 성분이
라는 것이 밝혀졌어요. 결과적으로 신체 노화를 더디게 하는 데
매우 중요한 역할을 한다는 사실이 알려졌습니다. 그래서 셀레늄
은 오늘날 '기능성 화장품'에도 사용될 수 있게 됐지요. 셀레늄이
화장품에 적용되어 노화 속도를 늦추고 면역 체계 강화를 통해 피
부 건강을 유지시키는 데도 도움을 주고 있으니, 맨 처음 발견되
고 100년간 사용되지 않았다는 사실이 지금 생각하면 이해가 잘
안 될 거예요. '비타민 미네랄 종합 영양제'에 빠짐없이 들어 있는
셀레늄에는 이런 사연이 있습니다.

# 16

# 은은 늘 2등일까?

올림픽에서 1등은 금메달을 받고, 2등은 은메달을 받아요. 그래서 은은 어느 순간 2등이나 두 번째를 상징하는 원소가 되었죠. 하지만 사실 은은 2등이라 말할 수 없는 이유가 있어요. 그 이유에 대해서 알아볼까요?

은(Ag)은 회백색의 광택이 있고, 물이나 공기와 쉽게 반응하지 않기 때문에 각종 귀금속으로 활용되어 왔어요. 은은 올림픽에서 2 등에게 부여하는 은메달에도 사용되기 때문에, 금에 밀려 2등 이미지가 매우 강한 게 사실이에요. 하지만 열과 전기의 전도성은 순수 금속 중에서 가장 높아요. 천하의 금도 열과 전기 전도도 측면에서는 은에게 1등을 내줘야 한답니다. 왜 은이 금보다 전기 전도도가 높을까요?

## » 은이 금보다 《
## 전기 전도도가 높은 이유

그 이유는 원자 구조와 전자의 이동성 때문입니다. 은과 금은 전자 구조가 비슷하지만, 금이 은보다 더 많은 양성자와 전자를 갖고 있어요. 전기 전도도는 금속 내 자유 전자가 얼마나 쉽게 이동할 수 있느냐에 달려 있는데 은의 원자 구조는 자유 전자들이 원자 격자를 통해 쉽게 이동할 수 있게 합니다. 이렇게 높은 전자 이동성이 높은 전기 전도도로 이어지게 되는 거예요. 금도 높은 전자 이동성을 갖고 있지만 은보다 높지 않기 때문에, 전기 전도도는 1등을 은에게 내줄 수밖에 없는 것이죠. 이런 특성을 활용해서 은은 특수 전자 분야에서 활용되고 있는데, 은 자체가 고가이기 때문에 일반 전선에는 구리가 사용되어요.

은은 다른 금속을 만나서 합금을 이루면 활용 분야가 더 다양

해집니다. 대표적으로 구리와 합금을 이루면, 기존의 은보다 더 강해지고 내구성이 향상돼서 보석류와 장식품 등에 사용될 수 있어요. 카드뮴과 합금을 이루면 높은 전도성과 내열성으로 인해 전기 접점 재료로 사용될 수 있고요. 게다가 납과 만나면 전자 제품의 회로 보드로도 사용될 수 있어요. 이렇게 점점 활용 범위를 넓혀 가고 있기 때문에, 앞으로도 새로운 은 합금의 출현을 기대해 봐도 좋을 거예요.

# 》 항균 효과가 있는 《
# 은

은은 높은 전기 전도도 외에도 항균 효과가 있어, 고대로부터 널리 활용이 돼 왔어요. 고대 로마인들이 은그릇에 와인을 보관했다는 기록이 있고, 중세 시대에는 물을 정화하는 데 은을 활용했다는 기록이 존재합니다. 현대 사회에서는 은 나노 입자를 제조해서 각종 항균 소재에 활용하고 있지요.

흥미로운 사실은 은 이온($Ag^+$)이 올레핀, 파라핀 분리에도 활용되고 있다는 점이에요. 에틸렌과 프로필렌이 올레핀의 대표적인 예들인데, 이것들은 폴리에틸렌(PE)과 폴리프로필렌(PP)과 같은 범용 플라스틱의 원료가 됩니다. 석유 내에 존재하는 올레핀, 파라핀 혼합물을 각각 분리하는 것은 석유 화학 산업에서 매우 중요한 공정이지요.

그런데 이 분리 공정은 많은 에너지를 필요로 하는 '증류' 방식에 의존하기 때문에, 이를 분리막으로 대체할 수 있다면 엄청난 에너지를 절약할 수 있어요. 분리막을 개발할 때 활용되는 원리중에 은 이온($Ag^+$)을 활용할 경우, 올레핀이 은 이온과 선택적, 가역적 반응을 할 수 있기 때문에, 올레핀만 더 빠르게 이동시켜서 분리해 내는 기술을 개발하고 있답니다.

그동안 2인자로 생각되던 은이 이렇게 널리 활용되고 있다는 사실이 놀랍지 않나요? 앞으로도 어떤 새로운 분야에서 활약할지 함께 지켜보기로 해요.

# 17

# 청동기
## 시대를 연
## 원소는?

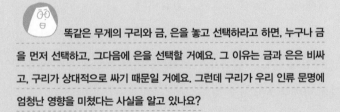

똑같은 무게의 구리와 금, 은을 놓고 선택하라고 하면, 누구나 금을 먼저 선택하고, 그다음에 은을 선택할 거예요. 그 이유는 금과 은은 비싸고, 구리가 상대적으로 싸기 때문일 거예요. 그런데 구리가 우리 인류 문명에 엄청난 영향을 미쳤다는 사실을 알고 있나요?

여러분은 역사를 공부하면서 청동기 시대를 배웠죠? 청동기 시대는 '청동'의 발견과 사용으로 인류 역사에서 큰 전환점을 가져온 시대로 평가받아요. 그 전 시대인 신석기 시대는 돌로 도구를 만들어 사용했죠. 구리(Cu)와 주석의 합금인 청동의 출현으로 인해 매우 단단하고 오래 가는 도구를 만들 수 있었고, 이 도구는 인간의 삶을 크게 바꿔 놓았답니다.

당연히 농사짓는 것이 훨씬 수월해지고, 대규모 농경지를 경작할 수 있는 여건도 마련되면서 벼농사가 시작될 수 있었죠. 이렇게 청동은 농업 생산성 향상에 큰 혁명을 일으키며 인류의 식량 문제 해결에 기여하게 됩니다.

청동의 사용으로 무기가 더 강력해지면서 전쟁 방식에도 큰 변화를 불러일으키게 되고, 대규모 도시 국가들이 성장하는 데 발판을 마련했지요. 이런 엄청난 변화를 가져온 청동기 시대에 우리나라 최초의 국가인 고조선이 형성됐다고 하니, 청동의 구성 요소인 구리를 더 이상 얕잡아 보는 사람은 없겠죠?

## 》 구리 덕분에 《
## 소중한 전기를 쓸 수 있어

이런 역사적 의미를 가진 구리는 어떤 특성이 있을까요? 대표적으로 '전기 전도성'이 매우 높아요. 전기가 잘 통하는 이유는 구리 원자의 외곽에 자유 전자가 많고, 이 자유 전자들이 구리 원자 사이를 자유롭게 이동할 수 있기 때문이죠. 이 뛰어난 특성으로 인해, 전기 확산에 1등 공신이 되었으며 오늘날에도 전기 배선에 활용되고 있어요. 여러분이 지금 이 순간에도 발전소에서 소중한 전기를 공급받을 수 있게 된 것은 구리 덕분이에요.

　게다가 '구리색'은 미적으로도 널리 활용되는데, 대표적인 예가 뉴욕의 '자유의 여신상'입니다. 자유의 여신상은 원래 구리색이었는데, 시간이 지나면서 황산동(patina)층이 형성되어 지금 여러분이 알고 있는 초록색을 띠게 된 것이랍니다. 색이 변해서 속상하다고요? 그렇지 않아요. 황산동층은 구리 금속이 시간이 지나면서 공기 중의 여러 화학 물질과 반응하면서 형성된 코팅층인데, 이는 구리의 추가적인 부식을 막아 주는 일종의 보호층 작용을 해요. 그래서 자유의 여신상이 오래전(1886년)에 완공됐음에도 불구하고 지금까지 그 형체를 유지할 수 있는 거지요.

# » 내 몸속에 «
# 구리가 있다!

그런데 구리가 여러분의 몸속에도 있다는 사실을 알고 있나요? 약 100mg의 구리가 주로 단백질에 결합된 형태로 존재하는데, 우리 몸에서 산소 운반과 전자 전달에 관여할 정도로 중요한 역할을 합니다.

게다가 노화 방지와 관련 있는 '항산화 작용'에도 역할을 해요. 앞서 아연 편에서 여러분의 몸속에는 노화를 촉진하는 '활성 산소'를 제거할 수 있는 슈퍼옥시드 디스무타아제(SOD) 효소가 존재한다고 했지요. 구리가 SOD에 결합되어 '활성 산소'의 라디칼을 제거해요. 상대적으로 저렴해서 가치가 떨어질 것 같은 구리가 세포 손상을 방지하는 '항산화 기능'에도 관여한다니 구리가 얼마나 가치 있는 원소인지를 깨닫게 됐을 거라고 믿습니다.

# 18

## '가짜 은'으로 취급된 원소는?

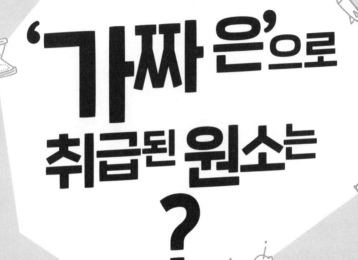

백금

Pt

'플래티넘 등급'을 들어 봤나요? 백금은 영어로 플래티넘 (Platinum)이라 해요. 각종 등급을 매길 때, 금(골드), 은(실버) 등급보다 더 높은 등급으로 표기되죠. 그 귀하다는 금과 은보다 더 높은 평가를 받는 백금이 처음 발견됐을 때는 전혀 인정을 못 받았다고 합니다.

1500년대 남미를 정복한 스페인 정복자들은 백금(Pt)에 별 관심이 없었답니다. 아니 이렇게 귀중한 백금을 보고 관심을 기울이지 않았다니 지금 생각하면 전혀 이해할 수 없죠. 스페인 정복자들은 백금의 겉모습이 은과 유사해서 백금을 그냥 가짜 은 정도로만 생각했던 거예요. 그러니 백금을 발견해도 버리거나 다른 금속에 섞어 쓰는 수준으로만 사용했죠.

그렇게 천대받던 백금이 가치를 인정받기 시작한 것은 꽤 오랜 시간이 지난 뒤였어요. 18세기에 이르러서야 과학자들에 의해서 백금의 다양한 성질이 발견되었고, 그 무엇보다 가치가 뛰어난 금속으로 평가받게 된답니다.

## 》 백금은 《
## 뛰어난 안정성을 갖고 있어

백금의 대표적인 특성은 뛰어난 안정성이랍니다. 매우 낮은 반응성을 갖고 있기 때문에, 다른 물질들과 화학적 반응을 일으키는 데 많은 에너지를 필요로 하죠. 그래서 대부분의 산과 염기에 의해 부식이 일어나지 않아요. 게다가 내구성이 뛰어나기 때문에 고급 보석 및 장신구에 널리 사용되어요.

백금은 희귀 원소로서 금의 약 25% 정도만 존재하고, 금보다 더 단단하기 때문에 높게 평가를 받지요. 신용 카드 회사나 각종 단체에서 회원 등급을 매길 때, 항상 플래티넘 등급이 골드보다 높은 등급을 의미하는 것을 이해할 수 있겠죠?

그런데 백금이 보석이나 장신구로만 활용이 될까요? 이런 보석류보다 더 많이 활용되는 분야가 바로 촉매랍니다. 촉매는 반응에 직접 참여하지는 않으나, 화학 반응 속도를 증가시키는 역할을 해요. 백금이 촉매로서 뛰어난 성능을 보이는 이유는 바로 높은 표면 활성 때문이에요. 그래서 화학 반응에 참여하는 분자들이 백금 표면에 흡착이 잘 되게 할 수 있어요. 또 반응에 필요한 에너지 레벨을 낮춰서 반응이 더 빠르게 일어나도록 유도하게 됩니다. 게다가 백금은 내구성이 좋고, 산과 염기에 의한 부식도 일어나지 않으니 촉매로서의 자질이 매우 뛰어나다고 볼 수 있죠.

## 》백금은 수소 연료 전지에서《 촉매로 활용돼

백금이 촉매로서 대표적으로 활용되고 있는 분야는 바로 '수소 연료 전지' 분야예요. 이미 '수소 연료 전지'를 활용한 발전소가 가동되고 있고, 이 전지가 탑재된 자동차가 거리를 누비고 있을 정도로 상용화된 분야입니다. 이 전지에서 핵심 역할을 하는 게 바로 백금이에요.

수소 기체가 '수소 연료 전지'의 양극에 도착하면, 백금이 촉매 작용을 해서, 수소 분자를 수소 이온($H^+$)과 전자($e^-$)로 분해하는 역할을 합니다. 분해된 수소 이온($H^+$)은 전해질을 통해 음극으로 이동하고, 생성된 전자($e^-$)는 외부 회로로 흐르면서 결과적으로 전기가 생산되는 것이죠.

시대에 따라 가치가 달라진 원소들

스페인 정복자들이 하찮게 생각했던 백금이 사실은 친환경 에너지의 대명사인 '수소 연료 전지' 분야의 핵심 금속이었네요. 아직은 제대로 인정받지 못해 널리 활용되지 못하는 원소라도 먼 훗날에는 다방면에 쓰일 수 있다는 사실을 알아야겠어요.

# 19

## 수돗물에 있는 염소가 화학 무기로 쓰였다고?

CI

염소

염소 덕분에 우리는 지금 깨끗한 수돗물을 마시고 샤워도 하는 위생적인 생활을 해요. 그런데 물 소독에 쓰는 염소가 1차 세계 대전 때 화학 무기로 사용됐다고 합니다. 수돗물에는 염소 성분이 잔류하고 있다는데, 그럼 우리는 위험에 처하게 되는 걸까요?

염소(Cl)는 원자 번호 17번으로 주기율표에서 할로겐족으로 불리는 원소랍니다. 원소 상태의 염소는 이원자 분자인 $Cl_2$로 존재하는데 초기에는 소독제와 표백제로 사용이 됐어요. 여러분은 수도 꼭지만 열면 깨끗한 물이 나오는 세상에 살고 있어서 이 깨끗한 물을 당연하게 생각할지도 몰라요. 하지만 19세기 말만 해도 오염된 물이나 음식물에 들어 있는 세균에 의하여 전염되는 수인성 전염병이 수많은 도시에서 골칫거리였답니다. 특히 콜레라가 큰 문제였죠.

1908년 미국 뉴저지주의 저지시티는 미국 최초로 음용수에 염소 소독 시스템을 도입하였어요. 이를 통해 콜레라 등의 수인성 질병을 예방할 수 있었죠. 이 시스템은 세계적으로 널리 퍼졌으며, 오늘날에도 '염소 소독'이 널리 활용되고 있어요. 이렇게 염소가 물 소독제로 사용될 수 있는 이유는 바로 염소가 산화력이 크고 독성이 강해서 각종 유해 세균들을 쉽게 제거할 수 있기 때문이에요. 우리는 깨끗한 물을 마실 수 있게 해 준 염소에게 감사해야 한답니다.

## » 염소 기체를 흡입할 경우 « 폐 손상이 크게 일어나

염소 기체의 독성을 나쁘게 활용한 사례는 바로 1차 세계 대전 때 생겼어요. 처음에 독일군이 염소 기체를 화학 무기로 사용했는데 뒤이어 연합군도 같이 사용하면서, 양쪽 병사들의 피해는 기하급

수적으로 늘어났죠. 염소 기체를 흡입할 경우 폐 손상이 크게 일어나는데, 병사들은 사망하거나 실명하는 등 극심한 후유증을 겪었습니다.

우리 수돗물에도 잔류하는 염소가 이렇게 화학 무기로 전쟁에까지 쓰일 정도로 유독하다니 이제는 수돗물을 마시면 안 되는 걸까요? 다행히 그렇지 않답니다.

우리 수돗물에 잔류하는 염소의 농도는 0.1에서 4.0ppm 사이입니다. 세계 보건 기구(WHO)에서 권장하는 5ppm이 넘지 않게 관리되고 있으니 크게 염려하지 않아도 되어요. 물론 화장실을 청소할 때 주로 사용하는 락스는 주성분이 '차아염소산나트륨

(NaClO)'인데, 이는 물에 녹아서 염소 기체를 다량 생성하기 때문에, 실제로 매우 위험할 수 있어요. 따라서 락스를 사용할 때는 항상 최대한 희석해서 써야 하고, 환기가 잘되는 환경에서 사용해야 하는 것을 잊으면 안 됩니다.

## 》 대표적인 플라스틱인 《
## PVC의 구성 원소

염소는 화학 산업에서 꼭 필요한 원소이기도 해요. 염소는 대표적인 플라스틱인 PVC(폴리염화 비닐)의 구성 원소인데, PVC는 제조 비용이 낮을 뿐만 아니라 내구성이 뛰어나고 화학적 처리에도 강하죠. 그래서 각종 건축 자재(파이프, 창틀 등)와 생활용품(가방, 신발, 장난감 등)에 널리 활용되고 있는 플라스틱이랍니다. 염소가 없다면, PVC도 있을 수 없기 때문에 여러분은 이런 물건들을 지금보다 더 비싸게 사야 할 거예요.

그런데 PVC와 같이 염소가 포함된 유기물이 쓰레기를 소각하는 과정에서 불완전 연소를 하게 될 때 다이옥신이란 화학 물질이 생성되어요. 이는 매우 안정해서 쉽게 분해가 되지 않기 때문에 외부에 배출될 경우 육상 동물, 식물, 물고기 등에 축적이 된답니다. 이런 생물을 우리가 섭취하면, 우리 몸에도 다이옥신이 축적돼서 면역계 장애, 생식 장애 등을 일으켜요. 그러니 항상 분리수거를 열심히 하고, 평소 소비를 줄이도록 노력해야 합니다.

# 20

## 알루미늄이 고급 식기로 사용되었다고?

우리 생활에 널리 사용되는 금속이 바로 알루미늄이죠. 알루미늄 생산에 전 세계 전기 사용량의 3%를 쓸 정도로 많은 양이 생산된다고 해요. 알루미늄 캔에 든 음료를 마시고, 이 캔을 고이 간직하는 사람은 없을 거예요. 아무렇지 않게 버리는 알루미늄이 19세기 중반까지는 매우 귀한 금속이었다고 해요.

우리는 알루미늄 캔에 든 음료수를 마시고, 알루미늄(Al)이 들어간 자동차를 타고, 알루미늄이 들어간 핸드폰을 사용하고, 알루미늄이 들어간 TV를 보지요. 때로는 알루미늄이 들어간 프라이팬으로 요리하고, 알루미늄이 들어간 자전거를 타고 놀러 갑니다.

알루미늄은 가벼우면서 강도가 강하고, 전기 전도도와 열 전도도가 높을 뿐만 아니라 표면에 형성되는 '산화막'(산화알루미늄)으로 인해 내식성도 뛰어난 금속이기에 우리 생활에 안 쓰이는 곳을 찾기가 어려울 지경이에요.

이렇게 흔히 쓰이는 알루미늄이 과거에는 금보다 더 귀했다는 사실을 알고 있나요? 흔하게 알루미늄을 볼 수 있는 요즘에는 상상도 할 수 없는 일이지만, 19세기 중반까지는 알루미늄을 구하기 어려웠어요.

지각에 매우 풍부히 있는 원소임에도 불구하고, 알루미늄을 추출하기가 어려웠고, 양이 적으니 값이 매우 비쌀 수밖에 없었죠. 다이아몬드를 예로 들면 쉽게 이해가 갈 거예요. 다이아몬드가 만약 저비용으로 대량 생산이 된다면, 지금처럼 비싸지 않고 매우 저렴해질 거예요. 그만큼 가격에 영향을 크게 미치는 것은 '생산량'입니다.

## 》 금보다 귀한 알루미늄, 《 대량 생산 되다

그래서 알루미늄은 유럽 왕실과 귀족들 사이에서 가치를 인정받았고, 프랑스 나폴레옹 3세 때는 국빈 만찬용으로 알루미늄 식기를 사용했다는 기록이 있을 정도입니다. 게다가 1885년 완공된 '워싱턴 기념탑'의 맨 꼭대기에 있는 피라미드 모형도 알루미늄으로 제작되어 탑의 가치를 높였다고 하니, 알루미늄이 얼마나 귀한 대접을 받았는지 짐작할 수 있겠지요.

이렇게 잘 나가던(?) 알루미늄의 시절은 찰스 마틴 홀이 개발한 알루미늄 대량 생산 공정에 의해 막을 내리게 됩니다. 이 공정에 의해 알루미늄은 대량으로 시중에 나가게 되고, 결국 알루미늄의 가격 하락을 불러일으키게 되었죠. 이 대량 생산 공정 덕분에 우리는 다양한 분야에서 알루미늄을 사용할 수 있게 되었어요.

알루미늄은 쉽게 산화돼서 자연 상태에서는 주로 산화알루미늄($Al_2O_3$)의 형태로 발견되는데, 이 신기한 특성이 산업 현장에서 코팅할 때 활용되어요. 산화알루미늄은 코팅될 때 코팅의 두께에 따라 색이 달라질 수 있는데, 이를 '박막 간섭 현상'이라고 합니다. 빛이 산화알루미늄의 얇은 층의 표면에서 일부는 반사되고, 일부는 층을 통과한 후 뒷면에서 다시 반사될 때 간섭 현상[*]이 일어나는데, 코팅층의 두께가 다르면 층을 통과하고 반사되는 빛의 경로 길이가 달라지게 돼요. 그래서 서로 다른 파장의 빛이 강화되거나 상쇄되어 코팅층의 색이 달라지는 거죠. 염료 없이도 색

★ 두 개의 파동이 한 점에서 만났을 때 서로 소멸되거나 보강되면서 새로운 파장을 만들어 내는 것을 의미한다.

시대에 따라 가치가 달라진 원소들

조절을 할 수가 있다니 매우 유용한 알루미늄의 성질이라고 할 수 있겠지요?

## 》 알루미늄은 《
## 뇌에 악영향을 끼쳐

그런데 이런 유용한 알루미늄이 우리 몸에 유입돼서 쌓이게 되면 치매 유발 등 뇌에 안 좋은 영향을 줄 수 있다고 해서, 우려하는 목소리가 큰 것도 사실이랍니다. 알루미늄 포일이나 양은 냄비(현재 양은 냄비는 양은이 쓰이지 않고, 알루미늄이 사용됨), 알루미늄 소재의 프라이팬에 산성도가 높은 음식을 올려놓거나 열을 가하게 되면, 알루미늄 성분이 다량으로 나온다고 하니 이 부분은 꼭 조심하기 바랄게요.

# 21

# 나폴레옹이 러시아 원정에서 진 이유는 진?

Sn

주석

 프랑스 황제 나폴레옹의 역사적 평가는 매우 다양하답니다. 한 가지 확실한 건 전쟁을 많이 일으켰다는 건데, 대표적인 전쟁이 바로 러시아 원정이죠. 나폴레옹은 이 전쟁에서 대패했는데, 그 이유가 주석과 관련이 있다는 소문이 많아요. 정말 사실인지 함께 알아볼까요?

러시아는 지금도 매우 자랑스러워하는 것이 두 가지가 있는데, 바로 프랑스 황제 나폴레옹의 침략을 막아 낸 것과 2차 세계 대전 때 히틀러의 독일과 치른 전쟁에서 많은 사상자를 냈음에도 불구하고 결국 승리한 것이랍니다.

나폴레옹과의 전쟁 당시 프랑스 군대의 위엄은 유럽 전역을 뒤흔드는 수준이었기 때문에 당연히 러시아가 처참한 패배를 할 것으로 모두 예상했지요. 게다가 나폴레옹은 무려 60만 명의 사병들을 이끌고 갔기 때문에 프랑스의 패배를 상상하는 것은 불가능에 가까웠습니다. 그런데 여러 가지 이유에 의해서 나폴레옹이 처참한 패배를 하게 되는데, 그중의 하나가 바로 러시아의 극심한 추위였답니다. 프랑스 군대는 그처럼 추운 날씨와 눈을 경험해 보지 못했고, 예상도 하지 못했기 때문에 제대로 된 준비가 부족했죠. 군인들은 동상과 각종 질병에 시달리게 되고, 당연히 싸울 의욕은 바닥에 떨어지고 제대로 된 싸움을 할 수가 없었죠.

## 》 추위 때문에 주석으로 만든 《 단추가 부서졌다고?

주석(Sn)의 특성이 당시 나폴레옹의 군대를 힘들게 했다는 소문이 있습니다. 소문의 내용은 당시 프랑스 군복의 단추는 주석으로 만들어져 있었는데, 추위 때문에 단추가 부서졌다는 거죠. 순수 주석은 약 13℃ 미만의 낮은 온도에서 회색으로 변하기 때문에 분말 형태로 쉽게 부서지는 특징이 있는데, 이 현상이 당시 전쟁에서 발생했다는 겁니다. 주석의 결정 구조가 변하면서 부피가 팽창하게 되고, 이런 팽창 때문에 금속이 취약해지면서 분말 형태로 쉽게 부서지는 현상이 발생할 수 있는데, 이런 내용은 과학적으로 사실입니다.

이런 주석의 특성을 알 리 없는 당시 프랑스 군인들은 영문도 모른 채 군복의 단추가 부서져서 제 역할을 못 하는 일을 겪어야만 했다고 합니다. 단추는 옷의 형태를 유지시켜 줄 뿐만 아니라 옷을 조여 주는 역할도 함으로써, 손으로 옷을 잡고 있지 않아도 찬바람이 쉽게 파고드는 것을 막아 주지요. 당시 프랑스 군인들의 단추가 다 부서져 버리면서 군인들은 더더욱 추위에 시달리고 고통받을 수밖에 없어서 결국 전쟁에 패배했다는 겁니다. 만약 나폴레옹이 주석의 이런 특징을 알고 전쟁 준비를 철저히 했다면, 인류의 역사는 달라졌을 거라는 재밌는 소문이 전해지고 있어요.

## 》 합금이 단기간에 《
## 분말 가루로 바뀌는 것은 불가능해

그런데 정말 이 소문이 사실일까요? 사실이 아닐 가능성이 더 큽니다. 당시 주석은 귀한 금속으로 분류됐는데, 60만 명이나 되는 사병의 군복에 모두 주석 단추가 달렸을 가능성은 극히 낮을 뿐만 아니라 당시 사용된 주석은 순수 금속이 아니라 미량의 다른 원소가 함유된 합금이기 때문입니다. 합금이 되면서 안정성이 향상되기 때문에 영하의 온도에 노출된다고 해서 짧은 시간 내에 '회색 주석'으로 바뀌어서 분말 가루로 변하는 것은 불가능합니다. 나폴레옹이 이 소문을 듣는다면, '우리가 사용한 단추는 멀쩡했는데'라며 당황할 수도 있겠네요. 그래도 이 소문 덕분에 주석의 특징을 알게 됐으니 의미 없는 소문은 아닌 것 같습니다.

대표적인 주석 합금의 예는 바로 청동기 시대의 '청동'을 들수 있어요. '청동'은 주석과 구리의 합금인데, 구리에 주석을 첨가하면서 강도는 더 강해지고, 내구성이 좋아지니 농기구와 전쟁 무기로 사용되면서 인류 문명을 발전시키는 계기가 되었답니다. 지금도 다양한 전자 부품을 제조할 때 주석이 유용하게 사용됩니다.

락스의 차아염소산나트륨이

물을 만나면

염소 가스가 나오는데 독성이 매우 강해!

흔히 보이고 자주 쓴다고

락스를 쉽게 봐선 안 돼.

그래서 눈도 맵고 그랬구나...

그러니까 꼭!!

① 락스는 희석해서 쓸 것!

② 환기를 철저히 할 것!

③ 고무장갑은 필수!

**4**장

# 중금속이라고
# 무섭기만
# 할까?

# 22

## 선명한 색 속에 비수를 숨기고 있다고?

미술 작품에 있어서 '색'은 매우 중요한 요소입니다. 특유의 색이

작품성에 미치는 영향이 크기 때문이겠죠. 과거에는 선명한 색을 내는 염료

를 찾는 것이 무척 어려웠는데, 카드뮴이 염료에 유용하게 쓰였다고 해요.

카드뮴

Cd

박물관에 전시된 수많은 명화를 보면 입이 다물어지지 않을 정도로 감동이 밀려옵니다. 인물과 자연환경에 대한 묘사도 뛰어나지만, 저 각각의 색들은 어떻게 구현했을까 하는 궁금증이 밀려오지요. 과거에는 과학이 발달하지 못했기 때문에 지금처럼 다양한 색의 염료를 만들기도 어려웠어요. 작품을 위해서 예쁘고 독특한 색을 내는 염료는 화가들에게는 선망의 대상이었는데, 19세기 말 카드뮴(Cd)이 발견되고 나서 화가들은 흥분을 감출 수 없었답니다. 그 이유는 카드뮴 성분이 포함된 염료가 붉은색과 노란색에서 특유의 밝기와 선명함을 나타냈기 때문이에요.

그전까지는 밝고 선명한 색을 내는 게 매우 어려웠기에 이 카드뮴이 포함된 염료로 작품을 그리고자 하는 화가들이 많았답니다. 하지만 안타깝게도 당시 기술로는 대량 생산이 어려워서 미술 작품에 널리 사용되지 못했다고 해요. 1930년대 카드뮴의 대량 생산이 가능하게 되면서 서서히 안료로 사용되기 시작합니다. 카드뮴의 사용은 작품성에 큰 영향을 미쳤으며, 많은 이들에게 감동을 선사하였고, 더더욱 카드뮴이 미술계에서 널리 애용되었죠.

## 》 카드뮴이 포함된 염료, 《 독성이 매우 커

그럼 지금도 카드뮴이 포함된 염료가 널리 쓰이고 있을까요? 너무나 멋진 선명함을 안겨 주지만, 독성이 매우 크다는 사실이 밝혀지면서 그 뒤로는 화가들이 사용을 꺼리게 되었어요. 현재는 다른 대안을 통해 염료를 개발함으로써 카드뮴이 포함된 염료는 거의 사용되지 않아요.

과연 카드뮴의 독성이 어느 정도이기에 미술계에서 외면을 받게 됐을까요? 카드뮴은 일단 체내에 들어오면 쉽게 배출되지 않고 축적이 잘되는 중금속입니다. 특히 간과 신장에 치명적인 것으로 알려져 있답니다. 쉽게 골절이 일어나는 이타이이타이병의 원인으로 알려져 있고, 중추 신경계에도 영향을 줄 뿐만 아니라 암을 일으킬 수 있는 대표적인 물질로 분류가 됩니다. 그렇기에 전 세계에서 식품 속 카드뮴 농도에 대해 기준치를 마련해서 관리하고 있으며, 주기적으로 조사를 하고 있지요.

안타깝게도 최근 조사에 따르면 수산물에서 농산물과 축산물에 비해 상대적으로 카드뮴 농도가 높게 검출됐어요. 이는 전 세계적으로 공장 폐수를 지속적으로 바다에 배출하기 때문인 것으로 분석됐답니다. 기준치 이하로 카드뮴이 포함된 폐수를 버리는 것은 불법이 아니기에, 세계 여러 나라에서 계속 배출을 하다 보니 카드뮴이 누적되어 수산물에서 농도가 상대적으로 높게 나오는 것이지요.

## 》 QLED TV에 《 사용되는 카드뮴

그럼 카드뮴은 독성이 강해서 아예 사용이 안 될까요? 그렇지 않답니다. 셀렌화카드뮴은 반도체 양자점(빛을 잘 흡수하는 나노미터 크

중금속이라고 무섭기만 할까?

기의 반도체 입자)으로 활용 시, 빛을 받을 때 크기에 따라 다른 색을 내기 때문에 이 성질을 이용해 QLED TV에 사용이 되기도 합니다. 크기가 작은 양자점은 더 짧은 파장인 푸른색 쪽의 빛을 내고, 크기가 큰 양자점은 더 긴 파장인 붉은색 쪽의 빛을 방출하지요.

그리고 니켈-카드뮴 전지에도 활용이 되었고, 부식 방지를 위한 도금, 범용 플라스틱인 PVC의 안정제 등으로도 활용이 됐던 유용한 원소랍니다. 독성이 강해 여전히 많은 규제를 받고 있지만, 안전하게 사용할 수 있는 조건에서 다른 용도를 찾기 위해 지금도 과학자들이 노력 중이니 곧 새로운 소식이 들리기를 기대해 봐요.

# 23

## 스테인리스강은 영국과 프랑스의 콜라보?

크로뮴

인류의 역사는 전쟁의 역사라고도 합니다. 전 세계적인 전쟁 중 영국과 프랑스만큼 서로 많은 전쟁을 한 나라는 찾기가 어려울 정도지요. 그런데 크로뮴 원소가 현대 산업에 널리 쓰이게 된 이유가 영국과 프랑스의 콜라보와 관련이 있다고 해요.

스테인리스강을 못 본 사람은 아무도 없을 거예요. 프라이팬, 식기류, 텀블러, 욕실 선반, 각종 건축 자재, 의료 기구 등 우리 주변에서 가장 흔하게 쓰이는 금속이기 때문에 매우 친숙한 소재죠. 스테인리스강은 합금인데, 주로 철에 크로뮴(Cr)을 첨가해서 제조하며, 그 외에 니켈도 첨가해서 제조되어요. 크로뮴이 첨가되면 부식이 잘 일어나지 않을 뿐만 아니라 강도도 높아지고 열 저항성도 향상되지요. 그 때문에 순수 철의 단점을 보완하면서 각종 주방용품이나 건축 자재 분야에서 스테인리스강은 빠르게 성장하게 되었어요.

## 》 프랑스의 화학자 보클랭이 《 크로뮴을 발견

이렇게 중요한 크로뮴은 누가 처음 발견했을까요? 바로 프랑스의 화학자 루이 니콜라 보클랭이 1797년 홍연석을 염산 처리해서 산화크로뮴($Cr_2O_3$)을 얻는 데 성공하였고, 그 뒤에 이 산화크로뮴으로부터 금속 크로뮴을 분리하는 데 성공하였답니다. 보클랭의 연구 성과가 없었다면 우리는 스테인리스강을 지금까지 만나 보지 못했을 수도 있으니, 실로 엄청난 과학적 업적이에요.

그런데 흥미로운 건, 크로뮴이 첨가된 스테인리스강은 프랑스에서 먼저 개발된 것이 아니라는 사실입니다. 바로 프랑스와 숙명의 라이벌로 꼽히는 영국에서 먼저 개발에 성공했어요. 영국과 프랑스는 역사적으로 수많은 전쟁을 치른 앙숙 관계였으며, 특히

'백 년 전쟁'은 무려 1337년부터 1453년까지 일어났답니다. 그 뒤에도 식민지 영토 지배권을 두고 전쟁을 많이 치렀고, 나폴레옹 시대에도 여러 차례 전쟁을 벌였답니다. 이런 두 나라였기 때문에 당연히 전쟁 무기 개발에 그 어느 나라보다 진심이었겠죠. 그 결과 무기 기술을 전 세계적으로 선도하게 됩니다.

## » 영국이 크로뮴으로 《
## 스테인리스강을 탄생시키다

1900년대 초반 영국에서 연구원 해리 브리얼리는 무기용으로 쓸 강력한 금속 소재, 특히 녹슬지 않는 강철을 개발하기 위해서 많은 실험을 진행했어요. 그 결과 철에 크로뮴이 첨가된 합금은 쉽게 녹이 슬지 않는다는 놀라운 사실을 알아내고 결국 스테인리스강을 탄생시키는 데 결정적인 기여를 하지요. 한마디로 '강력한 무기'를 만들겠다는 일념이 스테인리스강을 탄생시킨 셈이에요. 역사적으로 둘째가라면 서러워할 만큼 많은 전쟁을 해 왔던 영국이었기에, 이렇게 무기 개발에 진심을 다해 성공한 것이지요.

만약 크로뮴이 발견돼 있지 않았다면 영국의 해리가 스테인리스강을 만드는 게 가능했을까요? 당연히 불가능했겠지요. 그런데 그 크로뮴을 최초로 발견한 나라는 라이벌 국가인 프랑스였으니 한마디로 본의 아니게 협력을 한 셈입니다. 어떻게 보면, 두 나라가 세계 1차 대전과 2차 대전을 거치면서 라이벌이 아닌 동맹국으로 협력하는 사이가 된 것을 반영하는 '과학적 사건'이라고 볼 수도 있겠죠?

크로뮴은 전기 도금에도 널리 활용이 된답니다. 금속 표면에 얇은 크로뮴층을 코팅해서, 기존 금속의 부식을 방지할 뿐만 아니라 광택까지 부여함으로써 자동차 부품이나 주방용품에 유용하게 활용되고 있어요. 게다가 '3가 크롬(크로뮴)'은 인체에 필수적인 미량 원소로서 우리 몸속에서 각종 대사에 중요 작용을 하지만, '6가 크롬(크로뮴)'은 세포 DNA에 손상을 주기 때문에 암 발생의 원인으로 작용할 수 있습니다.

# 24

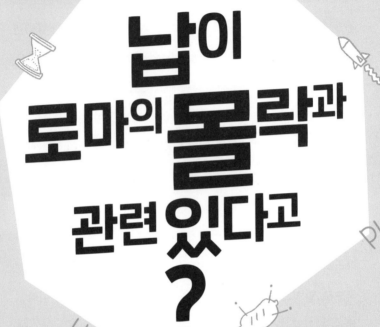

## 납이 로마의 몰락과 관련있다고?

BC 1500년경부터 인류가 사용해 온 납은 오늘날 축전지, 합금 재료, 페인트 등에 유용하게 이용되고 있답니다. 과거 로마인들이 납을 여러 용도로 사용했다는 기록이 있는데, 이 납이 로마 몰락의 한 원인이 됐다고 추측하는 역사가들도 있어요. 도대체 왜 그런 이야기가 나오게 된 것일까요?

납(Pb)은 인류가 고대부터 사용해 온 7개 금속 중 하나랍니다. 납은 무른 편이고 녹는점도 낮아서 가공하기가 매우 쉬웠고, 부식이나 침식을 견디는 성질도 뛰어난 편이기 때문에 고대부터 널리 사용됐습니다. 특히 로마인들은 납을 광범위하게 사용했죠. 납으로 배관을 만들어 수도관으로 이용했고, 납으로 만든 식기도 흔했다는 기록이 있어요. 게다가 포도주에도 납으로 만든 기구를 사용해서 납이 포도주에 녹아들게 했다고 합니다. 그렇게 하면 녹아든 납 성분으로 인해 포도주의 맛이 더 좋아졌다고 해요.

## 》 납이 섞인 물과 《 포도주를 마신 로마인들

하지만 납의 위험성을 알았다면 로마인들이 그렇게까지 광범위하게 납을 사용했을까요? 당연히 아닐 겁니다. 납은 중독 현상을 일으켜서, 생식 기능 장애, 뇌 손상 및 신경계에도 영향을 준다고 알려져 있어요. 최근에는 아이들에게 ADHD를 유발할 수도 있다고 해서 대부분의 선진국에서는 납의 식품 속 허용치를 정해 두고 관리를 하는 실정이랍니다.

로마인들은 이렇게 독성이 강한 납을 통과하는 물을 마시고, 음식을 담아서 먹고, 심지어 포도주에까지 납을 넣어서 마셨으니 얼마나 납 중독이 심했을지는 쉽게 짐작이 갈 겁니다.

로마의 멸망 원인으로 황제들의 암살과 같은 정치적 불안과 많은 전쟁으로 인한 재정 문제, 용병 의존도 증가 그리고 사회 불평등 심화 등을 꼽습니다. 그런데 일부 역사가들은 로마의 상류층들이 물, 음식, 포도주 등으로 인한 납 중독이 심해서 육체적, 정신적 건강이 악화되어 일련의 일들을 지혜롭게 대처하지 못한 것으로 추측한답니다. 물론 추측이긴 하지만, 납에 많이 노출됐던 것은 사실이기에 로마 멸망의 한 원인으로 지적하는 것은 무리가 아닐 수 있어요.

## 》 정부는 납 오염이 심한 《 수산물의 유통을 막아

납 문제는 비단 과거 로마인들에게만 국한된 것은 아니랍니다. 2017년 우리나라 식약처 연구 보고서에 따르면, 수산물 6,630건을 조사했을 때 납의 평균 오염도는 0.082mg/kg이었는데, 이 수치는 축산물의 20배 이상, 농산물의 6배 이상의 수치였답니다. 게다가 국민 식품인 미역의 경우 2010년 조사 때보다 납 오염도가 더 증가했고, 오징어 역시 2010년 대비 납 오염도가 증가했어요. 정부에서는 이에 대해 심각성을 인지하고 기준치를 강화해서 납 오염도가 심한 미역이나 오징어는 유통되지 못하게 하는 정책을 시행하고 있어요. 그만큼 납은 지금도 정부가 직접 관리, 감독하는 중금속임을 꼭 명심하기 바랍니다.

그렇다면 납은 우리에게 피해만 주는 원소일까요? 전혀 그렇지 않아요. 축전지에 사용될 뿐만 아니라, 납의 높은 밀도로 인해 방사선을 막는 데 효과적이죠. 페인트의 색상을 더 밝고 선명하게

중금속이라고 무섭기만 할까?

해 주는 역할을 하고, 페인트의 건조 시간까지 단축시켜 주니 매우 유용한 원소랍니다. 게다가 탄약 제조에도 활용될 정도이니 납을 아예 사용하지 않는 사회는 매우 불편할 수밖에 없어요. 어떤 원소든 안전하게 잘 활용하는 것이 중요하다는 사실을 꼭 기억하기 바랄게요.

# 25

## 중세 유럽에서 독약으로 사용됐던 원소는?

As 비소

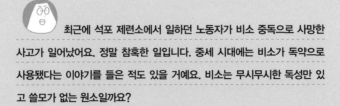

최근에 석포 제련소에서 일하던 노동자가 비소 중독으로 사망한 사고가 일어났어요. 정말 참혹한 일입니다. 중세 시대에는 비소가 독약으로 사용됐다는 이야기를 들은 적도 있을 거예요. 비소는 무시무시한 독성만 있고 쓸모가 없는 원소일까요?

유럽의 중세 시대를 다룬 영화를 보면 각종 권력의 암투 속에서 자주 등장하는 것이 있는데 바로 독약의 사용이랍니다. 주로 삼산화이비소($As_2O_3$)가 중세 유럽에서 독약으로 많이 사용되었어요. 색도 없고 냄새도 나지 않기 때문에 음식이나 음료수에 몰래 넣을 수 있어서 널리 쓰인 것으로 추정됩니다. 게다가 그 효과가 바로 나타나지 않고 서서히 나타나기 때문에 범인을 찾기가 매우 어려워서 더더욱 널리 사용된 것으로 보입니다.

이런 내용을 들으면 비소($As$)가 아직도 독약으로 사용될 것 같아 두려울 수 있어요. 하지만 지금은 이런 독약 성분은 일반인이 구매조차 할 수 없기 때문에 너무 걱정할 필요가 없어요. 비소는 이런 독성 때문에 매우 제한적으로 산업 현장에서 사용되고 있답니다.

그럼 비소는 독성만 있고 전혀 쓸모가 없는 원소일까요? 전혀 그렇지 않답니다. DDT가 발견되기 전까지 살충제로도 사용이 되었고, 농업에서 가축들의 질병 예방을 위한 사료 첨가제로도 널리 활용이 되었죠. 그뿐만 아니라 백혈병 치료제로도 활용된 원소랍니다.

## 》 반도체 산업에 사용되는 《 갈륨비소

그런데 우리나라에서는 비소가 좀 더 특별한 원소입니다. 대한민국이 대표적인 반도체 강국인 것을 전 세계가 인정하고 있어요.

반도체 덕분에 우리나라가 지금의 경제 강국이 됐다고 말해도 전혀 과언이 아니지요. 도대체 비소는 어떻게 반도체 산업에 기여할 수 있었을까요?

반도체 산업에 비소 자체가 사용되는 것은 아니고 갈륨과 화합물을 이룬 갈륨비소(GaAs) 형태로 사용되어요. 실리콘보다 우수한 부분이 있어서 애용되고 있지요. 갈륨 원자는 주변에 비정상

중금속이라고 무섭기만 할까?

적으로 위치한 비소 원자에 의해 둘러싸여 있고, 갈륨과 비소 사이에는 강한 공유 결합을 형성하고 있어요. 각각의 갈륨 원자는 비소 원자와 전자를 공유하면서 안정적인 구조를 이루고 있지요.

갈륨비소는 전자가 전도대로 이동하기 위해 필요한 에너지가 상대적으로 적기 때문에, 반도체로 활용될 경우 전기 전도를 하는 데 매우 유리한 특징을 갖고 있답니다. 그래서 실리콘보다 전자가 더 빠르게 이동할 수 있다는 것이 갈륨비소의 대표적인 장점입니다. 게다가 불순물을 넣어 전기적 특성도 쉽게 변화시킬 수 있어 갈륨비소가 반도체 산업에서 매우 중요한 역할을 차지하게 된 것이지요.

전자가 실리콘보다 빨리 이동하기 때문에 고주파 응용 분야에서도 이용이 가능합니다. 위성 통신이나 휴대폰 분야에서 맹활약할 수 있을 뿐만 아니라 열적 안정성도 매우 우수하기 때문에 군사 분야에서도 활용 범위가 더 넓어질 것으로 기대되고 있어요.

# 26

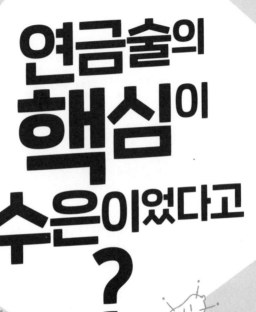

# 연금술의
# 핵심이
# 수은이었다고
# ?

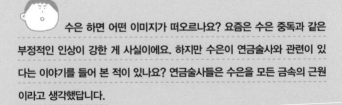

수은 하면 어떤 이미지가 떠오르나요? 요즘은 수은 중독과 같은 부정적인 인상이 강한 게 사실이에요. 하지만 수은이 연금술사와 관련이 있다는 이야기를 들어 본 적이 있나요? 연금술사들은 수은을 모든 금속의 근원이라고 생각했답니다.

수은(Hg)은 매우 특이한 성질을 갖고 있어요. 금속이라고 하면 무언가 딱딱한 이미지를 생각하기 쉬운데, 수은은 상온에서 유일하게 액체 상태인 금속입니다. 그리고 금속의 대표적인 특징이 전기가 잘 통한다는 것인데, 수은은 금속임에도 불구하고 전기가 잘 통하지 않아요. 이렇게 유별난 특징을 갖고 있는 수은은 온도 변화에 따른 부피 변화가 매우 일정해서 그동안 온도계에 널리 사용되어 왔어요. 그뿐만 아니라 충치가 생기면 썩은 부분은 긁어낸 뒤 다른 소재로 메워야 하는데, 그 소재로 널리 사용됐던 것이 바로 아말감(수은이 주성분인 합금)이었어요.

이렇게 유용하게 쓰이던 수은이 각종 독성에 대한 연구 결과가 나오면서 이제는 여러 분야에서 조금씩 사라져 가고 있어요. 실제로 수은에 노출될 경우, 뇌와 신경계에 손상을 입을 수 있고, 환경에도 부정적인 영향을 끼친답니다. 특히 수은은 메틸수은으로 변환될 수 있는데, 이런 수은의 형태는 생물의 몸속에서 지속적으로 축적이 되고, 결국 이것을 우리가 섭취할 수 있어요. 그래서 전 세계적으로 식품 속 수은 잔류량에 대해 관리, 감독을 하지요. 이렇듯 수은은 조심해야만 하는 물질이지만 수은의 과학적 의의를 절대 무시하면 안 된답니다.

## 》 연금술사들의 실험과 연구로 《
## 화학 발전이 이루어져

그 이유는 중세로 거슬러 올라가는데, 연금술사들은 수은을 매우 중요시했답니다. 연금술은 유럽에서 유행했는데, 물질을 바꾸거나 우주의 신비를 알아내거나 질병 치료를 위해 화학, 철학, 약학, 천문학 등을 연구한 학문입니다.

당시 연금술사들은 수은이 모든 금속의 기본이라고 생각했답니다. 아마도 '액체 상태의 은백색 금속'이 무언가 특별한 힘이 있다고 생각한 것 같아요. 그래서 수은만 있으면 얼마든지 비금속을 금과 같은 귀한 금속으로 바꿀 수 있다고 믿었어요. 많은 연금술사가 수은으로 하는 실험을 통해 물질을 다른 귀중한 금속으로 바꾸고자 했어요. 그 결과는 어땠을까요? 여러분이 예상했듯이

중금속이라고 무섭기만 할까?

당연히 실패하게 됩니다. 만약 성공했다면, 금은 매우 값싼 금속이 됐을 거예요.

그렇다면 이들의 노력은 그저 시간 낭비였을까요? 전혀 그렇지 않아요. 이들이 했던 수많은 실험과 연구 방법들은 지속적으로 발전을 거듭하면서 이어져 왔고, 오늘날 화학 실험의 초석을 이루었어요. 연금술사들의 끊임없는 노력이 아니었다면 과학의 진보는 훨씬 더 더디게 진행됐을지도 모른답니다. 이렇게 중요한 연금술사들의 업적의 중심에는 수은이 있다는 사실을 꼭 기억하기 바랄게요. 수은의 독특한 특징이 아니었다면 연금술사들이 그렇게까지 '다른 금속'으로 변화시키기 위한 노력을 기울이지 않았을 테니 말입니다.

# 5장

## 생명과
## 관련된
## 원소들

# 27

## 식량 부족의 해결사가 된 원소는?

질소

질소는 우리가 매 순간 들이마시는 원소입니다. 질소라는 원소가 없다면 우리 인류도 존재하지 못한다는 의미죠. 그뿐만 아니라 질소는 전 세계 식량 생산에 혁명적인 변화를 가져오는 데 기여를 크게 했어요. 그 이유를 같이 알아볼까요?

우리는 지금 이 순간에도 질소(N) 기체가 포함된 공기를 들이마시면서 살아갑니다. 질소는 지구상의 모든 생명체에서 발견되는 원소일 뿐만 아니라 질소 기체를 매 순간 접하기 때문에 질소의 존재를 아주 쉽게 발견했을 것 같지만, 그렇지는 않았답니다. 과거에는 공기가 단일 성분이라고 생각했기 때문에 산소 외에 다른 성분의 존재는 생각하기 어려웠지요.

1772년 영국의 화학자 러더퍼드는 밀폐된 용기에 공기를 담아, 산소와 이산화탄소를 제거해서 질소만을 분리하는 데 최초로 성공합니다. 질소는 주로 질소 분자($N_2$)로 존재하고 있는데, 원자 간 삼중 결합을 하고 있고, 해리 에너지가 높아서 질소 분자의 결합은 매우 강하답니다. 따라서 질소 분자를 다른 질소 화합물로 바꾸는 것은 아주 어려운 일이에요.

## 》 프리츠 하버, 질소 비료를 《 대량으로 생산해 내다

그런데 독일의 화학자 프리츠 하버는 세계 최초로 공기 중의 질소를 고온, 고압에서 수소와 반응시킴으로써 암모니아($NH_3$)를 합성하는 데 성공하게 됩니다. 하버의 연구 결과는 질소 비료를 대량으로 생산할 수 있는 신기원을 이루었으며, 이는 곧 엄청난 식량 생산으로 이어지게 되어요. 인류의 식량난을 해결하는 데 너무나 큰 공로를 세웠으니, 하버가 노벨 화학상을 받은 것은 전혀 이상할 게 없지요?

이렇게 탄생한 암모니아는 오늘날 여러 의약품을 만드는 데 사용될 뿐만 아니라 대규모 냉장 시스템에서 냉매 역할까지도 수행하고 있어요. 또 자동차 연소 과정에서 발생하는 질소산화물($NO_x$)을 제거하는 데에도 사용되니 친환경 기술 분야에서도 중요한 역할을 담당하고 있는 거지요.

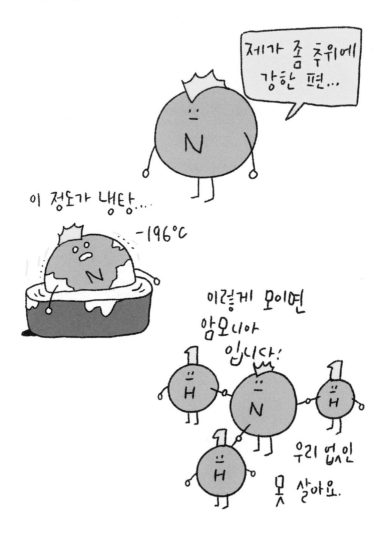

질소 기체는 약 영하 196℃에서 액화되는데 이렇게 액체로 변한 질소 분자를 '액체 질소'라고 부릅니다. 이 '액체 질소'는 저온 액체로서 온도를 빠르게 낮춰야 할 때 쓰이는데, 연구 개발 외에도 식품을 보관할 때 매우 유용하게 쓰여요. 게다가 의료용으로 조직 샘플을 보존하거나 배아 등을 냉동 보관할 때도 사용되니 질소는 단순히 우리가 숨을 쉴 때만 필요한 게 아니라는 것을 알게 되었죠?

## 》 소방복, 방탄조끼에 쓰이는 《 폴리아마이드

질소는 섬유 산업 현장에서도 많이 쓰여요. 질소가 함유된 플라스틱은 바로 폴리아마이드입니다. 합성 섬유로 널리 활용이 되는 나일론이 대표적인 폴리아마이드의 예이지요. 최근에 가장 각광받는 폴리아마이드는 바로 '아라미드 섬유'인데, 이 섬유는 강도가 매우 뛰어나고 내열성도 우수한 특징을 갖고 있어요. 아니 섬유인데 강도가 높고 열에도 강하다니, 여러분이라면 이 섬유를 어디에 사용할 건가요?

맞아요. 여러분이 예상한 대로 열에 강하게 견뎌야 하는 소방복에 사용되고, 군사용으로 방탄조끼나 장갑 등에 유용하게 사용되지요. 그리고 정수기 필터용으로 널리 사용되는 소재가 바로 폴리아마이드이니, 질소가 얼마나 우리 생활 곳곳에 자리하고 있는지 깨달았을 거예요.

질소는 우리가 살아가는 데 필요한 원소일 뿐만 아니라 우리 삶을 편하게 만들어 주는 역할까지 하고 있으니, 여러분이 숨 쉴 때마다 고마운 마음을 꼭 가져 보기 바랄게요.

**28**

# 세슘 하면
# 방사능 공포가
# 느껴진다고
# ?

Cs

세슘

 세슘 원소 하면 어떤 생각이 먼저 드나요? 아마도 방사능 공포부터 떠올릴지 몰라요. 하지만 세슘은 방사선 치료에도 사용되고 있어요. 잘 쓰면 유익하고, 잘못 사용하면 독이 될 수 있는 세슘에 대해서 알아보아요.

세슘(Cs) 원소는 리튬, 소듐, 포타슘 등과 더불어 알칼리 금속으로 불려요. 지각 내 존재하는 비율이 100만 분의 3 수준으로 매우 희귀한 금속 원소이고, 주로 폴류사이트와 같은 광물에서 발견이 돼요. 은백색을 띠며 무른 성질을 갖고 있고, 소듐이나 포타슘처럼 전자를 잃고 +1의 산화 상태를 갖는 세슘 양이온($Cs^+$)으로 주로 존재해요.

세슘은 반응성이 매우 크다는 특징을 갖고 있어요. 그래서 공기 중에 노출되면 산화가 되면서 불이 붙는 성질이 있어서, 금속 세슘을 보관할 때 각별한 주의가 필요합니다. 하지만 다른 원소와 결합한 화합물은 안정한 편이니 크게 염려하지 않아도 되어요.

## 》 다양한 분야에서 《 중요하게 활용되는 세슘

대표적인 염화세슘($CsCl$)은 유리 제조 및 촉매로 활용될 뿐 아니라 전기 화학 전지에도 활용될 정도로 유용한 화합물이에요. 폼산세슘($CsHCO_2$)의 경우 산업 분야에서 폐수 처리에 활용이 되고, 석유 시추 작업 중에 고온 고압 환경을 안정화시키는 데 사용됩니다.

그럼 다른 금속에 세슘 금속을 첨가하는 합금 형태로 만들면 어떤 일이 일어날까요? 알루미늄 금속에 세슘 금속을 첨가하면, 경량화와 강도 향상을 유도할 수 있어서 항공 우주 산업에 활용이 됩니다. 또 열 전도도가 향상이 돼서 응용 분야가 더 넓어지게 되죠. 세슘 금속을 다른 알칼리 금속과 합금을 만들면, 광학 투과율

생명과 관련된 원소들

이 매우 높아져서 광학 기기 등에 활용할 수도 있어요. 세슘 금속을 텅스텐과 합금을 만들면, 고온 안정성이 매우 높아져서 전자 소자나 반도체 제조 공정에서 고온 환경을 견뎌야 하는 데 유용하게 쓰입니다. 세슘 금속을 바륨과 섞어 합금을 만들 경우, 원자로에서 핵반응을 조절하고 제어하는 데 사용이 될 정도로 전력 생산에 큰 역할을 하게 됩니다.

# » 세슘-137에 무방비로 노출되면 《 암이 유발될 수 있어

세슘은 다양한 동위 원소(원자 번호는 같지만 중성자 수가 다른 원소. 그에 따라 질량수가 서로 다른 원소)를 가져요. 그중 세슘-137은 핵분열 생성물인데, 붕괴할 때 발생하는 감마선은 암세포를 죽일 수 있어요. 잘 통제해서 활용하면 방사선 치료를 위해 사용될 정도로 의학 분야에서 매우 중요한 동위 원소입니다.

하지만 후쿠시마 원자력 발전소에서 사고가 났을 때처럼, 세슘-137이 무방비로 노출될 경우에는 감마선이 통제될 수 없어요. 그로 인해 암이 유발될 수도 있어서 각별한 주의를 필요로 합니다. 특히 방사성 물질이 처음의 반으로 줄어드는 데 걸리는 시간인 반감기가 약 30년이기 때문에 한 번 노출되면 장기간 동안 방사능 피해를 입을 수밖에 없어서 많은 나라에서 주의를 기울이는 원소입니다. 한마디로 매우 큰 위험성을 안고 있지만, 안전하게 잘 사용하면 유용한 동위 원소라고 보면 된답니다.

이런 높은 반응성과 희소성으로 인해 세슘 원소가 상대적으로 다른 알칼리 금속에 비해 응용 분야가 적은 것은 맞아요. 하지만 '원자시계'에서 정확한 원자 공진 주파수로 인해 정확한 시간 측정을 가능하게 할 정도로 뛰어난 능력을 보인답니다. 원자시계는 원자나 분자의 고유 진동수가 영구히 변하지 않는다는 것을 이용하여 만든 특수 시계에요. 중력이나 지구의 자전, 온도의 영향을 받지 않으며 그 정확도가 매우 높아요.

# 29

# 칼륨과 포타슘은 같은 원소일까 ?

K

포타슘

포타슘은 영어 이름이 포타슘(Potassium)이고 독일어로 칼륨 (Kalium 칼리움)일 뿐 같은 원소입니다. 대한화학회에서 공식 명칭을 포타슘으로 정했어요. 국립국어원 표준국어대사전에서는 칼륨과 포타슘이 표준어로 같이 나와 있어요.

포타슘(K)은 상온에서 무른 은백색의 고체이고, 산소와 물과 반응성이 매우 높은 금속 원소랍니다. 주로 전자 1개를 잃은 +1의 산화 상태로 존재하지요. 이렇게 존재하는 포타슘 양이온($K^+$)은 비료 성분으로 활용되어 식물 성장과 결실에 영향을 끼칩니다. 금속 중에서는 낮은 녹는점과 끓는점을 갖고 있어, 포타슘을 생산할 때는 끓는점 차이를 이용해서 분리하는 증류법을 사용해서 쉽게 확보할 수 있죠.

그럼 포타슘이 포함된 다양한 화합물은 어떤 것이 있을까요? 먼저 염소 원소와 만나 형성되는 염화포타슘(KCl)은 비료에 많이 쓰이고, 소금 대체물, 링거액 등으로도 활용이 되어요. 질산포타슘($KNO_3$)은 화약과 식품 보존제로 활용이 되고, 열을 흡수하는 특성으로 인해 냉각제로도 사용할 수 있죠.

## 》 군대 잠수함에서 《
## 산소 공급원으로 활용돼

그 외에도 포타슘은 우리 생활에서 매우 필수적인 원소예요. 과망가니즈산포타슘($KMnO_4$)은 탈색제로서 활용도가 높고, 상처 소독 및 피부 감염 치료에도 활용됩니다. 또 농업에서 살충제로도 사용할 수 있죠. 화학 실험실에서 흔하게 볼 수 있는 수산화포타슘(KOH)의 경우 식품의 pH 조절제와 염색제로 활용될 뿐만 아니라, 합성 고무, 비누, 액체 비료, 세제 등을 제조할 때 활용돼요. 최근에는 에너지 저장 장치인 배터리 구성 요소 중 하나인 전해질에

도 사용될 정도로 우리 생활에 밀접히 관련돼 있답니다.

　포타슘이 우리나라를 지켜 주는 군대에도 활용된다는 사실을 알고 있나요? 우리나라는 분단국가로서 전쟁이 완전히 끝나지 않은 휴전 상태입니다. 군대는 우리나라를 지켜 주는 매우 소중한 조직이지요. 그런데 그 많은 원소 중에서 포타슘이 군대에서 활용된다고 해요. 포타슘이 산소와 만나 형성된 초산화포타슘($KO_2$)의

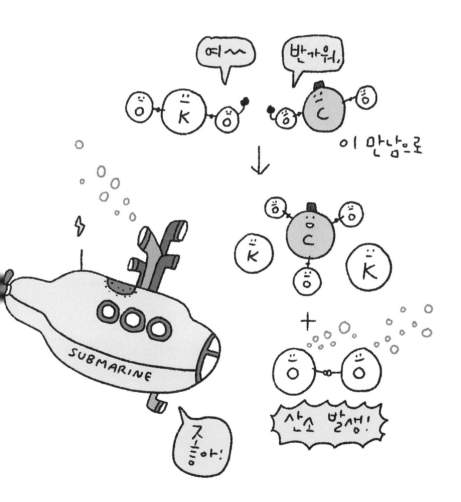

경우, 이산화탄소($CO_2$)와 만나면 화학 반응을 일으키게 된답니다. 그때 생성되는 물질이 바로 산소인데, 이 화학적 특징을 이용해 군대 잠수함에 산소 공급원으로도 활용될 수 있다고 하니 포타슘은 우리나라를 지켜 주는 원소라고 할 수 있겠네요.

## 》 포타슘은 《 고혈압 예방까지 도와줘

포타슘은 우리 신체의 정상적인 작동을 위해서도 필요합니다. 포타슘 양이온($K^+$)은 동물 생체 현상을 유지하기 위해서 매우 필요한 원소이기도 해요. 우리 몸에 포타슘 양이온($K^+$)이 부족하면, 부정맥 등의 심장 기능 장애나 골격근의 근력 저하 등의 증상이 나타날 수 있어요. 음식 섭취로 포타슘 양이온($K^+$)이 체내에 유입되면, 이는 우리 몸에서 뇌 및 신경 기능에까지 영향을 끼치고, 체내 전해질 균형을 도와요.

여러분은 식습관이 건강을 위해 가장 중요하다는 것을 잘 알고 있을 거예요. 포타슘은 감자, 바나나, 콩, 키위 등 우리 주변에서 흔하게 접할 수 있는 채소와 과일에 풍부하니 매우 다행이지요. 게다가 적절한 수준의 포타슘 양이온($K^+$)이 혈압을 낮추고 심혈관 건강을 유지하는 데 도움을 줄 수 있다고 해요. 요즘처럼 고혈압 환자들이 늘어가는 상황에서 고혈압 예방까지 도와줄 수 있는 너무나도 소중한 원소이지요?

생명과 관련된 원소들

# 30

# 프랑슘은 어느나라와 관련이 있을까?

주기율표 원소들의 이름을 보면 희한하면서 낯익은 이름들이 보인답니다. 프랑슘, 아인슈타이늄, 퀴륨 등 어디선가 한 번쯤 들어 본 적 있지 않나요? 실제 이들의 이름은 무엇과 관련이 있는지 알아볼까요?

프랑슘(Fr)은 이름부터 예사롭지가 않아요. '프랑'이라는 말이 왠지 프랑스와 관련이 있을 것 같지 않나요? 실제로 페레라는 과학자가 발견했는데, 그 과학자의 모국인 프랑스의 이름을 따서 명명했어요. 부럽기도 하지만, 우리나라에서 만약 새로운 원소를 발견하게 되면 '코렌슘' 아니면 '코레니움' 등으로 지어질 수 있으니 다같이 기대해 봐요. 참고로 프랑스의 이름을 딴 원소는 또 있어요. 갈륨(Gallium)은 프랑스의 옛 라틴어 이름 갈리아(Gallia)를 따서 지은 원소명입니다.

리튬, 소듐, 포타슘 등과 더불어 알칼리 금속이라고 불리는 프랑슘의 가장 대표적인 특징은 자연에 존재하는 원소 중 가장 늦게 발견이 됐다는 거예요. 방사성 붕괴를 연구하던 중 발견했고, 가장 안정한 동위 원소($^{223}$Fr)의 반감기가 고작 22분으로 매우 짧아요. 수명이 매우 짧은 원소이지요. 당연히 지각 전체에서 존재하는 양이 적을 수밖에 없는데 우라늄과 토륨 광석에 극미량이 존재해요. 그 양이 그램(g) 수준일 정도지요. 따라서 프랑슘에 대해 직접 실험을 수행하기 어렵기 때문에 정확한 녹는점, 끓는점 등의 물성을 알 수가 없어요. 각종 특성에 대해서는 이론적으로만 추정하는 미지의 원소이지요.

## 》 프랑슘은 《 극미량 존재하는 원소

하지만 극미량 존재한다고 해서 과학자들이 포기할 수는 없겠지요. 실제 프랑슘의 동위 원소들은 핵반응을 통해서도 만들 수 있는데 과학자들은 금속($^{197}$Au)에 원자 빔을 쪼여서 해당 동위 원소를 얻는 데 성공했어요. 그뿐만 아니라 토륨에 헬륨 이온을 충돌시키거나, 라듐에 중성자를 쪼여서 프랑슘을 얻을 수도 있었죠.

하지만 아쉽게도 어떤 인공적인 방법을 써도 프랑슘을 확보할 수 있는 양은 매우 적었어요. 그래도 점점 과학 기술이 발달하면 더 많은 양을 얻어 낼 수 있는 날이 올 거예요. 이 방법을 찾은 과학자는 노벨상을 수상해도 이상하지 않겠죠? 결국 과학자들은 프랑슘의 다양한 활용 분야를 찾아 나가지 않을까 예상해 봅니다.

# 》 프랑슘을 인공적으로 《
# 대량 생산할 수 있는 날이 온다면?

현재까지는 프랑슘의 성질을 이론적으로만 예측하고 있지만, 그 중에 매우 흥미로운 것도 있어요. 물에 닿았을 때 금속 소듐보다 크게 반응하면서 수소 분자($H_2$)를 발생시킬 수 있을 것으로 예상 되거든요. 프랑슘을 인공적으로 대량 생산할 수 있는 날이 오면, 향후 청정에너지인 수소 분자를 확보하는 방법으로 쓰일 수도 있을 거예요.

프랑슘은 암 진단제로 활용될 수 있는 가능성도 보였어요. 아직은 우리에게 낯선 프랑슘 원소이지만 가까운 미래에는 더더욱 우리에게 친숙한 원소가 되리라 확신한답니다.

그때쯤이면 코렌슘 아니면 코레니움 등으로 불릴 원소가 대한민국 과학자에 의해서 발견되지 않을까 조심스레 예측해 봅니다. 나라 이름보다 여러분의 개인 이름으로 불리고 싶나요? 당연히 가능합니다. 실제 아인슈타이늄이라는 원소는 아인슈타인의 이름을 따서 명명되었고, 퀴륨 원소는 퀴리 부부의 이름을 따서 명명된 만큼, 여러분이 과학자로서 훌륭한 업적을 남긴다면 충분히 여러분의 이름을 따서 원소가 명명되는 것이 가능하지요. 민호니움(Mh)이나 지혜니움(Jh) 같은 원소명이 전 세계 과학 교과서에 등장하는 멋지고 재밌는 상상을 해 봅니다.

생명과 관련된 원소들

# 31

# 칼슘은 뼈에만 중요할까?

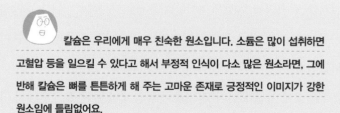

칼슘은 우리에게 매우 친숙한 원소입니다. 소듐은 많이 섭취하면 고혈압 등을 일으킬 수 있다고 해서 부정적 인식이 다소 많은 원소라면, 그에 반해 칼슘은 뼈를 튼튼하게 해 주는 고마운 존재로 긍정적인 이미지가 강한 원소임에 틀림없어요.

칼슘(Ca)은 지각에서 산소, 규소, 알루미늄, 철 다음으로 많은 원소이며, 베릴륨과 마그네슘 등과 더불어 알칼리 토금속으로 분류됩니다. 석회석은 대표적인 칼슘 광석이고, 칼슘의 다양한 화합물 중 칼슘인산염은 뼈와 이의 주요 구성 요소 중 하나이지요.

이렇게 우리 몸에 필수적인 원소이면서 산업 현장 및 식품 등에서도 사용되는 칼슘은 발견되는 과정이 그리 순탄하지만은 않았어요. 1808년 영국의 과학자 토머스 브라운이 전기 분해법을 이용해서 칼슘을 분리하는 성과를 얻었습니다. 엄청난 결과에 많은 사람들이 놀라워했죠. 하지만 안타깝게도 토머스 브라운이 분리해 낸 것은 순수 칼슘이 아니라 산소가 입혀진 '칼슘 산화물'로 밝혀졌어요.

## 》 석회를 의미하는 《<br>라틴어 칼크스에서 따온 이름

하지만 과학자들은 쉽게 포기하지 않았어요. 독일의 과학자 데이비는 석회와 산화수은($HgO$)으로부터 전기 분해 방법을 이용해서 원소 상태의 칼슘을 최초로 얻는 데 성공했어요. 당연히 첫 발견자로서 원소의 이름을 지을 수 있는 권한이 있었겠지요. 그래서 석회를 의미하는 라틴어 칼크스(calx)를 이용해서 칼슘(calcium)이라는 이름을 지었고, 오늘날까지도 친숙하게 사용하는 이름이 되었어요.

이렇게 어렵게 얻어 낸 소중한 칼슘 원소는 우리 생활에서 어

생명과 관련된 원소들

떻게 활용되고 있을까요? 다른 원소와 결합한 칼슘 화합물의 형태로 널리 쓰이는데, 먼저 칼슘이 염소와 결합해서 형성된 염화칼슘($CaCl_2$)은 동결 방지제로 사용될 뿐만 아니라 식품 첨가물로 활용돼서 식품의 유통 기한을 늘려 주는 역할을 합니다. 또 수질을 개선하는 과정에서 사용되고, 촉매로도 활용이 되지요. 탄산칼슘($CaCO_3$)은 식품 첨가제로 활용되고, 토양의 칼슘 보충을 위한 비료와 의약품 제조에도 활용됩니다.

## 》 칼슘은 근육의 수축과 이완에도 《 영향을 끼쳐

이렇게 산업 현장에서 널리 쓰이지만 의학계에서는 칼슘의 신체 내 역할에 주목하고 있어요. 우리 체중의 약 1.4%를 차지하는 칼슘은 단순히 뼈와 치아를 지탱하는 역할만 하는 게 아니에요. 여러분 몸속에서 이온 형태($Ca^{2+}$)로 존재하는 칼슘은 근육의 수축과 이완에도 영향을 끼친답니다. 신경 자극으로 근육이 흥분되면 소포체로부터 칼슘 이온이 방출되면서 근육 단백질들과 결합하게 되는데 이때 근육이 수축되는 거예요. 방출됐던 칼슘 이온이 소포체로 돌아가면 결과적으로 근육은 다시 이완되지요.

따라서 칼슘 섭취가 충분치 않다면 여러분의 근육은 수축과 이완을 원활히 할 수 없다는 것을 꼭 기억하기 바랄게요. 게다가 혈액 응고 작용에도 관여하고 있기 때문에 상처가 나거나 혈관이 손상될 때 출혈을 막아 주는 소중한 역할도 합니다. 만약 칼슘 발견이 늦게 이뤄졌다면 우리는 몸에서 일어나는 신체 현상도 쉽게 이해하지 못했을 거고, 영양소 섭취가 얼마나 중요한지 깨닫지 못하고 살았을 거예요.

# 32

# 충치 예방에 기여한 원소는 ?

예로부터 건강한 치아는 건강한 신체를 위한 필수 조건으로 여겨졌어요. 치아를 건강하게 유지하기 위해서는 충치가 안 생겨야 할 텐데, 불소 성분은 충치 예방에 효과가 있다고 하죠. 플루오린이라고도 불리는 불소의 충치 예방 효과는 어떻게 발견되었을까요?

1900년대 초, 미국 콜로라도주에서 개원하여 치과 의사로 일하던 프레데릭 맥케이는 여느 때와 같이 환자들을 돌보고 있었어요. 그런데 특이하게도 주민들이 흰색 반점이나 갈색 반점으로 얼룩진 치아를 갖고 있다는 사실을 발견하게 됩니다. 신기하게도 이 반점을 갖고 있는 치아에서는 충치가 나타나지 않는다는 사실도 발견했죠. 치아에 반점이 생기는 반상치아가 콜로라도주 외에 다른 주에서도 흔한 현상이라는 것도 알게 됐어요.

맥케이는 이런 현상이 왜 일어나는지 그냥 지나치지 않고 깊게 파고들어 연구했어요. 약 30년에 걸친 연구 끝에 이 반점은 물속에 포함된 플루오린(F), 즉 불소라는 원소 때문인 것을 알아냅니다. 한마디로 불소 성분이 치아에 심미적으로 보기 안 좋은 얼룩을 일으킬지언정 충치를 예방할 수 있다는 사실을 발견한 거죠. 이는 현대 공중 보건 역사의 큰 획을 그었다고 볼 수 있는 연구 결

생명과 관련된 원소들

과였습니다.

## 》 미국에서 처음 수돗물에 《
## 불소를 첨가하다

1945년 미국 미시간주에서 수돗물에 불소를 첨가하는 최초의 시도가 이뤄졌고, 그 뒤로 많은 나라에서 수돗물에 불소를 첨가해서 국민의 치아 건강을 증진시키고 있어요. 우리나라도 마찬가지인데, 수돗물 내 불소 잔류량을 1.5mg/L 이하로 관리하고 있어요. 당연히 치약에도 불소 성분이 활용되어 여러분의 치아를 충치로부터 보호하고 있죠.

우리는 치과 의사 맥케이에 대해서 감사한 마음을 가져야 한답니다. 이렇게 주변에서 일어나는 일들에 대해 깊은 관심을 갖고 왜 그럴까 하는 질문을 끊임없이 던지는 자세를 통해서 과학이 발전하는 사례가 많이 있어요.

불소는 전기 음성도(화학 원소가 화학 결합을 할 때 다른 원자의 전자를 끌어당기는 힘의 척도)가 3.98로서 모든 원소 중에서 가장 크기 때문에 반응성이 높은 특징을 가져요. 이온화 에너지는 헬륨과 네온 다음으로 큰 특징을 갖고 있죠. 화합물에서 불소의 산화수(원자가 화학 결합을 형성할 때 가지는 전기적 상태를 가리킴)는 항상 -1이기 때문에, 불소 분자($F_2$)는 이와 반응하는 다른 물질들을 산화시킬 수 있는 강력한 산화제가 될 수 있어요.

## » 반응성과 독성이 강해 «
## 많은 화학자들을 괴롭혀

불소는 플라스틱 소재에도 적용돼서 우리 삶을 편리하게 만들어 줍니다. 가장 대표적인 플라스틱이 바로 폴리테트라플루오로에틸렌(PTFE)인데, 테플론이란 이름으로 더 유명합니다. 이 플라스틱은 매우 안정할 뿐만 아니라, 마찰 계수도 낮아서 프라이팬의 코팅 소재로 활용됩니다. 음식물이 잘 들러붙지 않게 해 주기 때문에 설거지할 때 편리하죠.

이렇게 우리 삶에 유용한 불소를 순수한 상태로 얻는 과정은 사실 순탄하지 않았어요. 원소 상태의 불소는 반응성이 매우 크기 때문에 다른 물질과 격렬하게 반응할 뿐만 아니라 독성도 강해서 실험했던 과학자들이 초기에 많은 사상을 입게 되었죠. 그럼에도 불구하고 과학자들이 포기하지 않고 꾸준히 도전한 끝에, 1886년 앙리 무아상이 원소 상태의 불소를 최초로 얻어 내는 데 성공했어요. 매우 어려웠던 과정이었기에 이 연구 성과는 1906년 노벨 화학상 수상으로 이어지게 됩니다.

# 33

# 갑상샘암 진단에 사용되는 원소는 ?

아이오딘

I

우리나라 암 발병률 1위는 갑상샘암입니다. 대체로 별다른 증상 없이 우연히 발견되는 경우가 많다고 해요. 갑상샘암을 진단할 때 아이오딘 이 사용되는데, 우리에게는 요오드라는 이름으로 더 친숙하지요.

중앙암등록본부 보고서에 따르면, 2021년 우리나라에서 신규 암 발생자 수는 27만 7,523명으로, 그중 갑상샘암이 전체 암 발생의 12.7%를 차지해 1위라고 합니다. 갑상샘암의 진단과 치료에 아이오딘(I)이 유용하게 활용되고 있어요.

갑상샘암에는 아이오딘의 방사성 동위 원소인 I-131이 활용되는데, 갑상샘이 체내에서 아이오딘을 흡수하고 저장할 수 있다는 생리학적 특징이 이용됩니다. 방사성 동위 원소 I-131을 체내에 투입하면 갑상샘이 이를 흡수하게 되는데, 핵의학 영상 기법을 활용해 갑상샘에서 방출되는 방사선을 감지합니다. 정상적인 갑상샘과 비정상적인 갑상샘은 아이오딘의 흡수 패턴이 다르기 때문에, 이 차이를 이용해서 갑상샘암의 존재를 알 수 있고, 위치도 알 수 있게 되죠. 게다가 방사성 동위 원소 I-131은 반감기가 8일밖에 되지 않기 때문에 시간이 지나면 금세 그 양이 크게 줄어들어서 안전하게 활용되고 있어요.

## 》 갑상샘암 진단과 치료에 《 사용되는 아이오딘

이렇게 갑상샘암을 진단할 때도 쓸 수 있지만, 갑상샘암을 치료할 때도 방사성 동위 원소 I-131이 활용되어요. 일명 '방사성 아이오딘 치료'라고 불리는데, 수술로 갑상샘암을 제거한 뒤 남아 있을 수 있는 미세한 암세포를 제거하기 위해서 이 방법이 활용됩니다. 기본적으로 갑상샘암 세포들은 아이오딘을 흡수하려는 경향이

생명과 관련된 원소들

있기 때문에, 방사성 동위 원소 I-131을 활용하면 그 방사능으로 암세포를 파괴하는 것이 가능하답니다. 이렇게 아이오딘은 우리의 생명을 지켜 주는 너무나 고마운 역할을 하고 있지요.

## 》 해초의 재를 가열하는 《 과정에서 나온 보라색 증기

나폴레옹은 전쟁을 많이 일으켰고, 화약이 많이 필요했어요. 그래서 화약의 핵심 성분인 질산포타슘($KNO_3$)이 많이 필요했죠. 1811년 프랑스 과학자 쿠르투아는 질산포타슘을 많이 얻고자 새로운 방식을 고민하던 중, 해초의 재를 가열하는 과정에서 보라색 증기가 나오는 것을 확인하였어요. 이때 발생한 보라색 기체가 바로 아이오딘의 증기였답니다.

나폴레옹이 전쟁을 많이 하지 않았다면 그렇게까지 많은 화약은 필요하지 않았을 테니, 그랬다면 굳이 쿠르투아가 그런 실험을 하지도 않았을 겁니다. 그만큼 아이오딘의 발견도 훨씬 더 뒤로 미뤄졌을 것이고, 아이오딘의 의학적 활용도 늦어졌을 거예요.

그럼 아이오딘은 의학용으로만 의미가 있을까요? 그렇지 않답니다. 아이오딘은 동물 사료 첨가제로 사용되기 때문에 농업 분야에서도 큰 역할을 해요. 다양한 유기 화합물의 합성에도 사용돼서 많은 화학 제품이 만들어질 수 있도록 돕고 있지요. 게다가 살균제, 소독제로도 활용되고 있으니, 아이오딘이 현대 사회에서 얼마나 중요한지 알겠죠?

# 34

## 금이 암 치료에 사용된다고?

 금은 과거부터 지금까지 항상 높은 평가를 받고 있는 원소입니다. 금으로 인해 역사적으로 많은 사건이 있었고, 화폐의 기준으로 사용됐으며, 오늘날에도 중요 자산으로 평가받지요. 그런데 금이 암 치료에도 사용될 수 있다는데 실제로 가능할까요?

금(Au)은 예로부터 매우 귀한 금속 대접을 받았고, 지금도 그 사실에는 변함이 없습니다. 한마디로 한결같은 사랑을 받는 원소라고 보는 것이 제일 정확한 표현일 거예요. 금으로 인해 역사적으로 많은 사건이 일어났는데, 그중 대표적인 일이 미국 캘리포니아주에서 일어나게 됩니다.

1800년대 중반, 캘리포니아주에서 금이 발견되면서, 수많은 사람이 금을 얻기 위해서 몰려들기 시작합니다. 이런 엄청난 인구의 이동은 캘리포니아주의 경제에도 영향을 미쳤으며, 오늘날 캘리포니아주가 미국 내에서 가장 인구수가 많고 경제 규모가 큰 주가 된 기반이 되었죠.

## 》녹슬지 않고 《
## 안정성이 뛰어난 금속

금은 여러분도 잘 아는 것처럼 밝은 노란색을 띠며 광택이 나는 대표적인 금속입니다. 공기나 습기에 의해서 쉽게 부식되지 않고, 대부분의 산과 염기성 물질에도 반응하지 않을 정도로 안정성이 뛰어납니다. 그래서 오늘날에도 귀금속으로서의 가치를 뽐내며, 치과에서는 보철물로 사용되고, 경제 분야에서는 여전히 '안전 자산 투자처'로서 위용을 떨치고 있지요. 금이 흔한 금속이었다면 당연히 귀한 자산으로 대접받지 못했겠지만, 지구상에서 드문 금속이기 때문에 지금의 가치를 유지하고 있지요.

## 》금 나노 입자에 흡수된 《
## 빛 에너지가 열로 바뀌어

최근에는 금이 암세포를 제거하는 용도로도 활용될 수 있다고 하네요. 대한민국 국민이 만 81세까지 살 경우 암에 걸릴 확률이 36%에 달하고, 여전히 사망 원인 1위가 암이라는 것을 생각했을 때 금이 암세포를 제거할 수 있다는 사실은 실로 고무적입니다.

구체적으로 설명하자면, 금을 아주아주 작게 나노 크기까지

      생명과 관련된 원소들

만들 경우(1나노미터는 $10^{-9}$ 미터) 독특한 특성이 나타나게 됩니다. 금 나노 입자에 특정 파장의 빛을 쬐면 금 나노 입자에 흡수된 빛에너지가 열로 바뀌는 현상이 발생하게 되죠. 이때 발생한 열로 특정 부위의 암세포를 제거하는 방법인데, '광열 암 치료'라고 부르는 치료법이에요.

금 나노 입자에 빛만 쬐면 암세포를 직접 제거할 수 있다니 정말 신기하지요. 이와 관련된 연구 성과들을 상용화하기 위해 전 세계 과학자들이 열심히 노력하고 있으니 조만간 다가올 암 정복의 세상을 같이 기대해 봐요.

이렇게 의학적으로 용도가 뛰어난 금은 전기 전도도가 매우 뛰어나기 때문에 전자 회로와 각종 센서에도 활용이 되고 있고, 다양한 화학 반응에서 촉매로도 사용이 되어요. 그뿐만 아니라 환경 오염 물질을 제거하기 위한 용도로도 활용이 되는 다재다능한 원소입니다.

**6**장

기술 혁신을
이끄는
원소들

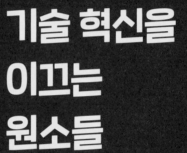

# 35

# 탄소는 변신의 귀재?

탄소

그래핀을 발견한 과학자는 노벨상을 받았고, 풀러렌을 발견한 과학자도 노벨상을 받았어요. 그래핀과 풀러렌의 공통점은 바로 탄소입니다. 둘 다 탄소로만 이루어져 있는데 도대체 어떤 엄청난 성질이 있기에 노벨상을 받을 수 있었을까요?

원자 번호 6번인 탄소(C)는 최근 '저탄소 경제'나 '탄소 감축 방안' 등의 용어들이 쓰이면서 환경 오염의 주범으로 몰리고 있지만, 사실 모든 생명체의 기본 구성 요소입니다. 우리 몸의 단백질, 지방, DNA 등 생명을 구성하는 주요 화합물들은 탄소를 기반으로 하죠. 난방을 위해서 가스를 태우고 전기를 얻기 위해 화력 발전소를 가동시키다 보니, 불가피하게 이산화탄소가 대량 발생하면서 지구 온난화를 불러일으켰을 뿐 탄소 자체는 사실 아무런 잘못이 없어요.

이렇게 중요한 탄소 원자를 설명할 때 항상 따라다니는 용어가 있는데, 바로 동소체입니다. 동소체는 같은 화학 원소로 구성돼 있는데, 원자들의 배열 방식이 달라 서로 다른 성질을 갖는 여러 형태의 물질을 지칭하지요. 탄소의 동소체로는 다이아몬드, 탄소 나노 튜브, 그래핀, 풀러렌 등이 있는데 여기서는 그래핀과 풀러렌에 대해 알아보아요.

## 》 강철보다 《
## 100배 강한 그래핀

그래핀은 탄소 원자가 육각형 모양의 2차원 격자를 이루며 연결된 형태로 구성되어 있어요. 강철보다 무려 100배 강하면서도 매우 유연할 뿐만 아니라 높은 전기 전도성과 열 전도성을 보여 주죠. 이는 탄소 원자 간의 강한 결합과 전자의 자유로운 이동 때문이에요. 따라서 전자 기기의 구성 요소로 사용될 때 효율적인 전

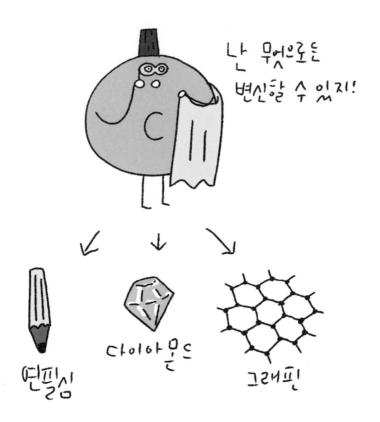

난 무엇으로든
변신할 수 있지!

연필심    다이아몬드    그래핀

기 및 열 전도체로서 유용한 역할을 할 수 있어요.

게다가 그래핀은 높은 수준의 투명성을 갖고 있어서, 이러한 투명성과 높은 전기 전도도를 결합한 그래핀 소재는 OLED나 LED와 같은 투명 전극 분야에 적용될 수 있는 가능성을 보여 줍니다. 그뿐만 아니라 탄소 원자들의 육각형 구조로 인해 화학적으로 매우 안정적인 특징을 갖고 있어요. 산화나 부식에 강한 저항력이 있어서 내부식성 재료로도 관심을 받고 있죠.

이렇게 뛰어난 능력치와 이후에 발견될 잠재력 때문에 그래핀을 발견한 안드레 가임과 콘스탄틴 노보셀로프라는 과학자들은 노벨 물리학상을 수상하게 됩니다. 게다가 최근에는 화학 기술이 개선되어 더 높은 품질의 그래핀을 더 많이 생산할 수 있게 되었어요. 그래핀의 적용 분야가 지금보다 폭발적으로 늘어날 전망이니, 각종 전자 제품에 그래핀이 안 쓰이는 곳을 찾기가 더 어려운 날이 올지도 모른답니다.

## 》 안티에이징 화장품에도 《 활용되는 풀러렌

그럼 또 다른 동소체인 풀러렌에 대해 알아볼까요? 풀러렌은 60개의 탄소 원자들이 연결되어 축구공과 유사한 구조를 이루며, 20개의 육각형과 12개의 오각형으로 구성되어 있어요. 풀러렌은 이러한 독특한 구조적 특성으로 인해 안정성이 매우 뛰어나고, 심지어 높은 압력과 온도에도 뛰어난 내구성을 보여 줍니다. 풀러렌은 주변 조건에 따라 반도체, 도체 또는 초전도체로 활용될 수 있는 가능성을 보여 주었죠.

최근에는 화장품 분야에서도 주목을 받고 있어요. 풀러렌은 피부 노화를 촉진하는 성분을 중화시킬 수 있는 능력이 탁월할 뿐만 아니라, 자외선으로부터 피부를 보호하는 기능도 있어서 '안티에이징 화장품'에 활용되어요. 이런 엄청난 활용 가능성을 보여 준 풀러렌을 최초로 발견한 과학자인 리처드 스몰리는 로버트 컬, 해럴드 크로토와 함께 노벨 화학상을 수상했지요.

앞으로는 또 어떤 동소체가 발견될까요? 엄청난 동소체를 발견한 사람은 노벨상을 받을 수도 있으니, 여러분이 그 주인공이 되어 보는 건 어떨까요?

# 36

# 실리콘이
# 모래와 관련
# 있다고?

실리콘 밸리 하면 어떤 기업이 떠오르나요? 애플, 구글, 메타, 인텔, 테슬라 등 전 세계 IT 산업과 자동차 산업을 이끄는 기업은 모두 실리콘 밸리 출신이랍니다. 그런데 실리콘 밸리의 실리콘은 무엇을 의미할까요? 규소라고도 불리는 실리콘에 대해 알아보아요.

전 세계적으로 많은 사람이 아이폰, 아이패드, 에어팟 등 애플 제품을 사용합니다. 그런데 애플이 어디서 시작됐는지 아나요? 바로 실리콘 밸리라는 지역입니다. 여러분이 자주 검색으로 활용하는 구글, 인스타그램과 페이스북을 보유한 메타, 마이크로프로세서와 반도체 칩의 선도적 기업인 인텔, 전기차 혁명을 이끄는 테슬라, 프린터와 컴퓨터로 유명한 휴렛팩커드 등도 모두 실리콘 밸리에서 시작했습니다. 이렇게 혁신적인 기업들의 발상지인 실리콘 밸리의 실리콘(Si)은 실제 모래에서 얻을 수 있는 그 실리콘을 의미한다는 사실을 알고 있었나요?

## 》 실리콘 칩이 《
## 전자 기기의 혁명을 가져오다

우리가 실리콘 밸리라고 부르는 지역은 원래 미국 캘리포니아주의 산타클라라 밸리라는 곳입니다. 1950년대 후반, 미국의 잭 킬

기술 혁신을 이끄는 원소들

비와 로버트 노이스는 '실리콘 칩'(집적 회로)[*]을 개발했는데 이는 전자 기기의 혁명을 가져왔어요. 이전의 트랜지스터 기반 기술에 비해 소형화될 수 있었고 효율성까지 높일 수 있어서, 컴퓨터의 크기가 줄어들어도 성능이 향상되는 결과를 가져왔어요.

그뿐만 아니라 이들이 개발한 실리콘 칩은 대량 생산도 쉬워서 전자 제품의 제조 비용이 줄어들게 되었죠. 덩달아 제품 가격이 낮아져서 전자 제품의 대중화를 가속화시킬 수 있게 되었어요. 그래서 이 지역은 실리콘 칩과 관련된 연구 개발, 제조가 활발히 이뤄지고 관련 인력들이 폭발적으로 증가했어요. 결국 실리콘 집적 회로 산업의 중심지가 되면서 실리콘 밸리라는 이름이 붙여지게 된 거예요.

## 》 반도체 재료로 《 사용되는 실리콘

전자 산업의 혁명을 불러일으키고, 현재는 혁신 기업의 산실로 불리는 실리콘 밸리의 이름이 된 실리콘은 반도체 재료로 널리 사용되는 원소입니다. 실리콘은 어떻게 반도체 재료가 될 수 있었을까요? 반도체는 전기 전도도는 금속보다 낮지만, 절연체보다는 높

[*] 하나의 반도체 기판에 다수의 능동 소자(예: 트랜지스터)와 수동 소자(예: 다이오드, 콘덴서, 저항기 등)를 초소형으로 집적, 서로 분리될 수 없는 구조로 만든, 완전한 회로 기능을 갖춘 기능 소자를 말한다.

은 소재를 의미하고, 온도나 전기장 등의 조건에 따라 전도성을 변화시킬 수 있는 소재입니다. 실리콘 원자는 최외각 전자가 4개인 외부 전자 껍질을 갖는데, 다른 실리콘 원자와 서로 공유 결합을 형성하면서 안정화되어 있어서 전자들의 안정적인 분포를 가능하게 하지요.

실리콘은 전도대와 가전자(가장 바깥 껍질에서 화학 반응에 참여하는 전자)대 사이에 에너지 갭을 갖는데, 에너지 갭은 전자가 가전자대에서 전도대로 이동하기 위한 최소한의 에너지를 나타내요. 실리콘의 경우 에너지 갭이 약 1.1전자볼트(ev)여서 가전자대에서 전도대로 이동할 수 있는 충분히 작은 수치이며, 온도에 따른 전도성 변화도 가능한 수치입니다.

이렇게 반도체 산업을 이끄는 원소이지만, 실리콘은 반도체에만 사용되는 것이 아니라 일상 생활용품으로 널리 활용되어요. 대표적인 예가 평소 여러분이 실리콘 소재라고 부르는 부드러운 플라스틱인데, 이 플라스틱의 정확한 명칭은 폴리실록산이에요. 실리콘 외에 탄소, 산소, 수소 등이 반복되는 고분자인데, 내화학성과 안정성 모두 뛰어납니다. 그래서 성형 보형물로 쓰이고 일반 주방용품(그릇, 주걱, 뒤집개, 용기 등)에도 활용될 뿐만 아니라, 종이 포일의 종이 코팅제로도 사용되는 다재다능한 원소입니다.

# 37

# 광부를 괴롭히는 요정 이름에서 유래된 원소는 ?

Co

코발트

코발트라는 원소 이름을 들어 봤나요? 이 원소는 리튬 이온 배터리에도 활용될 정도로 최근 중요성이 더욱 커지고 있어요. 코발트는 산소를 매우 빠르게 옮긴다고 하는데, 좀 더 자세히 알아볼까요?

중세 시대 독일의 광부들은 은광을 찾기 위해 많은 노력을 기울였는데, 종종 코발트 광석이 발견되었다고 해요. 그런데 이 금속을 광석에서 뽑아내어 정제할 때마다 유독한 가스가 방출되었답니다. 광부들은 산속에 사는 장난꾸러기 요정 코볼트가 벌인 일이라고 생각했고, 결국 이 광석을 코볼트라고 불렀어요. 그 이후 스웨덴 과학자 조지 브란트가 이 광석에서 코발트를 분리하는 데 성공했고, 코볼트의 이름을 따서 코발트라고 명명했지요.

코발트(Co)는 현대 산업에서 급성장 중인 리튬 이온 배터리의 양극재에서 매우 유용하게 활용되고 있는데, 특히 에너지 밀도를 향상시켜 배터리가 더 오랜 시간 동안 작동될 수 있게 해 주어요. 그 외에도 배터리 안정성을 높여 배터리 수명을 늘려 주니 코발트가 얼마나 소중한 존재인지 쉽게 이해가 갈 거예요.

그뿐만 아니라 강한 자성을 갖고 있기 때문에 영구 자석으로

기술 혁신을 이끄는 원소들

도 활용이 되고, 내열성과 내마모성이 뛰어나 항공 우주 분야에 사용되는 각종 부품을 위한 합금용 원소로도 활용이 됩니다.

## 》 혼합된 기체에서 특정 기체만 《 분리하는 방법

코발트는 기체 분리막에서도 유용한 역할을 해요. 기체 분리막은 혼합된 여러 기체에서 원하는 특정 기체만 분리할 수 있는 필터를 의미하는데, 어떻게 특정 기체만 쉽게 분리하는지 궁금하지요? 먼저 기체가 차 있는 풍선을 생각해 봐요. 어린 시절 소중히 입김을 불어 넣은 풍선이 시간이 지나면 크기가 줄어 있는 것을 본 적이 있을 거예요. 풍선 안의 기체는 어디로 갔을까요? 그 안의 산소나 질소 등이 풍선을 이루는 고무 소재를 통해 서서히 빠져나온 것인데, 정확히는 용해와 확산 현상에 의해 풍선 소재를 통과해서 빠져나오게 된 것입니다.

이렇게 기체들은 플라스틱과 같은 고분자를 통과할 수가 있는데, 각 기체마다 용해도와 확산도가 다르기 때문에 특정 매질을 통과하는 속도 차이가 발생하게 됩니다. 그런데 이 용해도와 확산도의 차이에만 의존해서는 높은 분리 성능을 얻기가 어려워요. 그 이유는 분리막의 성능을 나타내는 지표가 크게 선택도와 투과도가 있는데, 선택도가 높아지면 투과도가 낮아지는 경향을 보이고, 투과도가 높아지면 선택도가 낮아지는 현상을 보이는 경우가 일반적이기 때문이지요. 당연히 선택도와 투과도가 동시에 높아야

같은 시간 동안 원하는 기체를 훨씬 더 많이 확보할 수 있기에, 두 지표를 동시에 높이기 위한 노력이 이뤄져요. 그렇게 해서 나온 과학 기술이 바로 '촉진 수송'이란 개념이에요.

## 》 산소 운반체의 《
## 역할을 하는 코발트

촉진 수송은 기존 '용해, 확산에 의한 수송' 외에 '운반체에 의한 수송'이 더해진 원리예요. 운반체가 뭐냐고요? 여기서 운반체는 특정 기체하고만 선택, 가역 반응을 할 수 있는 물질이에요.

예를 들어, 이산화탄소와 산소가 섞여 있다고 가정해 볼게요. 똑같은 매질을 통과하는데, 만약 산소하고만 선택, 가역 반응을 할 수 있는 어떤 원소가 있다면 어떻게 될까요? 이산화탄소는 그냥 용해, 확산에 의해서만 이동을 하지만, 산소는 기존의 용해, 확산 외에 선택, 가역 반응을 할 수 있는 운반체에 의한 수송이 더해지게 되니, 산소는 더 빨리 매질을 이동할 수 있을 거예요. 그러니 같은 시간 동안 더 많은 양의 산소가 통과하여, 선택도(산소/이산화탄소)와 투과도가 동시에 증가하는 효과를 볼 수가 있어요.

'촉진 수송 원리'는 선택도와 투과도를 동시에 높이기 위해서 널리 활용되고 있는데, 가장 중요한 것이 바로 운반체의 개발이랍니다. 다양한 기체에 대한 운반체는 지금도 찾고 있는데, 산소에 대해서는 코발트가 운반체 역할을 해요. 그래서 '고순도 산소'를 생산하는 데 매우 유용하게 사용되며, 이는 발전소에서 연료의 연

소 효율을 높이거나 산업 폐수 처리를 위해 이용되고 있습니다. 독일 광부를 괴롭혔던 그 요정이 이렇게 산소만 선택적으로 빨리 이동시킬 수 있는 능력까지 갖고 있었다니, 앞으로 이 요정의 다양한 활약을 지켜보는 것도 매우 재밌는 일이 될 거예요.

# 38

## 저마늄은 광섬유에서 어떤 역할을 할까?

우리는 정보 통신 혁명 속에서 살아가고 있어요. 이 혁명의 핵심은 광섬유인데, 광섬유는 빛을 이용하여 정보를 전달할 때 쓰는 가는 유리 섬유를 말해요. 광섬유에는 저마늄이라는 원소가 큰 역할을 합니다.

우리는 매우 빠르게 변화하는 시대 속에서 살아갑니다. 전자 산업에서는 소프트웨어 개발에 힘입어 해마다 새로운 기술이 탑재된 제품들이 쏟아져 나오죠. 빠르게 발전하는 과학 기술에 날개를 달아 준 분야는 바로 통신 분야라고 할 수 있어요. 무선 인터넷으로 영화 한 편 다운받는 데 5분이 채 걸리지 않을 뿐 아니라, 멀리 있는 친구들과 영상 통화를 끊김 없이 할 수 있게 되었죠. 언제 어느때나 유튜브 등을 통해 원하는 영상을 편하게 볼 수 있게 되었어요. 도대체 어떻게 이런 일이 가능하게 된 것일까요?

## 》 광섬유는 《
## 빛을 전송하는 데 쓰는 섬유

이런 신기원을 이뤄 낼 수 있도록 공헌을 한 소재는 바로 '광섬유' 랍니다. 광섬유는 빛을 전송하는 데 사용되는 매우 얇고 유연한 섬유예요. 주로 유리나 플라스틱으로 구성돼 있고, 빛이 이 섬유를 따라 전달됩니다. 광섬유의 핵심 원리는 전반사(빛이 굴절하지 않고 100% 반사되는 현상)를 이용하는 거예요. 빛은 굴절률이 큰 곳에서 작은 곳으로 나갈 때, 입사각이 임계각보다 크게 되면 전반사하여 밖으로 나가지 못해요. 굴절률이 큰 매질로 가느다란 섬유 형태를 제조하고 그 속에 빛을 투과시키면 섬유 내부에서 전반사를 거듭하면서 그 섬유 속을 타고 계속 진행할 수 있게 되지요. 한마디로 섬유 속에 빛을 가둔 채로 원하는 대로 보낼 수 있게 된 것입니다.

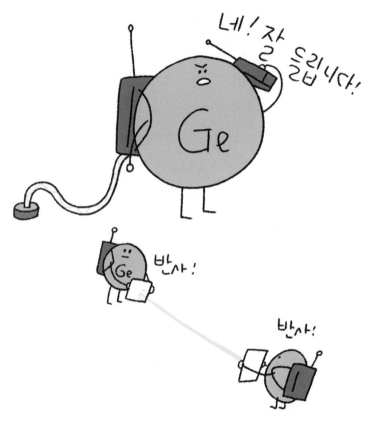

이를 통해 광섬유는 기존 구리 케이블에 비해 더 높은 대역폭을 제공할 수 있게 됐고, 결과적으로 매우 큰 데이터를 빠른 속도로 전송할 수 있게 되었죠. 게다가 광섬유는 광신호의 감쇠율이 낮아서 장거리 통신에도 매우 적합해, 인터넷과 핸드폰 네트워크의 혁명을 앞당기는 데 큰 역할을 합니다. 또 내구성도 좋기에 관리하는 비용도 줄일 수 있고요. 데이터를 빛의 형태로 전송하기 때문에 전선을 통한 전송보다 데이터 유출 가능성도 낮으니 보안 측면에서도 큰 혁명을 이뤄 내게 됩니다.

기술 혁신을 이끄는 원소들

# 》 열 영상 카메라에도 《
## 활용되는 저마늄

이런 혁신적인 광섬유에서 저마늄(Ge)은 어떤 역할을 할까요? 저마늄은 광섬유의 핵심 부분인 코어의 굴절률을 증가시키는 데 중요한 역할을 해요. 코어는 빛이 통과하는 중심 경로인데, 이 부분의 굴절률이 코어를 둘러싼 외부 층보다 커야 전반사가 일어날 수 있어요. 저마늄은 기존 유리에 첨가돼서 이 유리의 굴절률을 증가시킬 수 있어요. 외부 층보다 큰 굴절률을 갖게 되기에 효율적으로 빛이 전송될 수 있지요.

저마늄은 특정 조건에서 원적외선을 방출할 수도 있어요. 온도에 따라 전기적 성질이 변하기 때문에 원적외선을 방출할 수 있는 것인데, 이 원리를 이용하면 열을 감지하는 데 사용될 수 있어서 '열 영상 카메라'에도 활용이 됩니다. 그 덕분에 화재 감시에 사용될 수 있으니 우리 생명과도 직결되는 매우 소중한 원소라고 볼 수 있어요.

# 39

## 고성능 스피커와 관련 있는 원소는?

Be

베릴륨

과학자들은 각 화학 원소들을 다양하게 응용할 수 있는 분야를 찾기 위해 연구에 매진하고 있어요. 그래서 합금 분야의 연구가 활발한데, 합금으로 주로 사용되는 베릴륨이 고성능 스피커와 관련이 있다고 합니다.

베릴륨(Be)은 2족에 속하며 알칼리 토금속이에요. 100종 이상의 광물에서 발견이 되고, 순수 베릴륨이 아닌 베릴륨 화합물에서 추출해서 원소를 얻지요. 베릴륨은 상온에서 은회색을 띠고, 열전도율이 매우 높으며, 주로 전자 2개를 잃어서 +2에 해당하는 산화수를 갖는 특징이 있어요.

베릴륨은 다소 낯설지만, 우리 일상에서 다양하게 활용되는 매우 소중한 금속 원소입니다. 특히 다른 금속과 섞어서 만드는 합금의 형태가 대표적이에요. 구리와 베릴륨을 합금으로 만들면 강도가 매우 강해지고, 내부식성 등이 향상돼서 각종 전기 연결부 등 안정성과 내구성을 모두 필요로 하는 곳에 널리 활용이 되어요. 베릴륨을 알루미늄과 합금을 만들 경우, 가벼우면서도 강도가 매우 세져서 항공기 부품으로 활용될 뿐만 아니라 위성이나 우주 탐사를 위한 장치 등에도 활용이 되죠. 여러분이 타는 자동차에도 경량성과 높은 강도를 필요로 하는 부품에 활용이 되고 있어요.

## 》 합금으로 다양한 분야에 《 사용되는 베릴륨

베릴륨을 니켈과 합금을 만들 경우, 기계적 물성이 급격히 향상돼서, 극한 환경에서 견뎌야 하는 항공 우주 산업용 엔진 부품과 용접 도구 등에 활용이 되어요. 내식성도 급격히 향상돼서 부식에 잘 견뎌야 하는 소재에도 활용이 됩니다. 우리가 흔하게 접하는 철에 베릴륨을 섞어 합금을 만들면 어떻게 될까요? 자기장이 매우 강한 자석을 만들 수도 있고, 고온과 고압에 견딜 수 있는 부품에도 적용될 수 있죠. 이렇듯 베릴륨을 어느 금속과 섞어 합금을 만드냐에 따라 물성이 큰 변화를 일으켜 다방면에 활용이 가능하게 되는 거예요.

그렇다면 다른 원소와 결합한 베릴륨 화합물은 어떤 것들이 있을까요? 먼저 대표적으로 산소와 결합된 산화베릴륨은 핵 반응기에도 쓰일 수 있을 정도로 고온에서 매우 안정하고 전기와 열

기술 혁신을 이끄는 원소들

전도도가 모두 우수한 화합물입니다. 베릴륨이 염소와 결합한 염화베릴륨은 다양한 물질을 만드는 유기 합성에서 촉매로 활용돼요. 질소와 결합한 질화베릴륨은 전기 전자 부품 제조에 활용되고요. 이렇듯 베릴륨은 산업 현장에서 매우 유용한 원소입니다.

## 》 베릴륨은 고성능 스피커의 《 떨림판에 사용돼

베릴륨이 음악과도 관련이 있다는 것을 알고 있나요? 고성능 스피커의 떨림판은 소리 신호를 받아서 진동을 일으키는 역할을 하고, 이 움직임이 공기 압축 및 이완을 시켜 주변에 소리 파동을 만들어 내는 매우 핵심적인 요소예요. 바로 이 떨림판 재료로 베릴륨이 사용돼요. 베릴륨의 한계가 어디까지인지 궁금하네요.

하지만 유용성과 안전성은 다르다는 것을 꼭 명심해야 해요. 만약 베릴륨이나 베릴륨 화합물을 미세 가루 형태로 장기간 코로 흡입하게 되면 심각한 폐 질환을 일으킬 수 있고, 심한 경우 생명을 잃을 수도 있어요. 베릴륨을 다루는 공장에서 일하는 분들은 반드시 특수 보호 장구를 갖추고 일해야 안전하다는 것을 꼭 기억하세요.

# 40

## 타이타늄이 외유내강의 상징이라고?

타이타늄

외유내강은 겉은 부드럽지만 속은 강한 의지와 결단력을 가진 사람을 묘사할 때 자주 쓰여요. 옛날부터 이상적인 인물상으로 평가받는 유형이죠. 화학 원소 중에서도 이런 외유내강인 원소가 있답니다.

타이타늄은 이름부터 매우 친숙하고 강한 느낌이 들지 않나요? 그 이유는 그리스 신화에 등장하는 강력한 신인 타이탄의 이름을 따서 작명했기 때문이에요. 《그리스 신화》를 한 번이라도 읽어 본 사람이라면, 그 어떤 원소보다 친숙할 수밖에 없죠. 그런데 타이타늄이 대표적인 외유내강형 화학 원소라는 사실을 알고 있나요?

타이타늄은 흰색 금속 광택을 가질 뿐 아니라 매우 가볍다는 특징을 갖고 있어요. 그래서 얼핏 보면 아주 부드럽고 연약할 것 같은 느낌이 들어요. 실제로 자연계에 존재하는 대부분의 단단한 것들은 무거운 성질을 갖는답니다. 그래서 무거우면 단단할 가능성이 높고, 거꾸로 단단하면 무거울 가능성이 높다는 뜻이죠. 주변의 철, 콘크리트, 벽돌 등만 봐도 쉽게 이해가 갈 거예요.

## 》 가벼우면서 《 강한 반전 매력의 원소

그런데 타이타늄은 가벼운데도 매우 강한 특징을 갖는 반전 매력의 원소입니다. 타이타늄이 상대적으로 가벼운 이유는 밀도가 약 $4.5g/cm^3$여서, 철(약 $7.9g/cm^3$)과 같은 다른 금속보다 상대적으로 낮기 때문입니다. 밀도가 낮으니 당연히 연약할 것 같지만, 결정 구조와 원자 간의 결합 특성으로 인해 강도가 높은 특징을 갖고 있어요. 타이타늄의 원자들은 강력한 금속 결합을 형성하기 때문에, 이 결합으로 인해 원자들을 서로 긴밀하게 유지시킬 수 있는 거죠. 매우 가벼워 다소 만만해 보이기도 하지만, 실제 알고 보면 강인한 성질을 갖고 있는 전형적인 외유내강형 화학 원소예요.

## 》 항공 우주 분야에서 《
## 활약하는 타이타늄

타이타늄의 이런 특징을 산업 현장에서는 어떻게 활용하면 좋을까요? 가벼우면서 단단한 성질을 가장 많이 요구하는 분야는 대표적으로 항공 우주 분야입니다. 연비 효율성을 높이기 위해서는 당연히 가벼워야 하는데, 그렇다고 해서 약한 소재로 만들면 자칫 큰 참사를 일으킬 수 있기에 타이타늄과 같은 화학 원소의 도움이 필수라고 보면 되죠. 게다가 타이타늄은 다른 금속 원소를 섞어서 합금을 만들면 더욱 강해지는 특징이 있어서, 알루미늄과 바나듐 등과 같은 금속과 합금해서 강도를 더 높여 활용되고 있죠.

그런데 타이타늄은 단단한 것만이 특징일까요? 그랬다면 외유내강이란 말을 듣기 어려웠을 거예요. 타이타늄은 강하기만 한 것이 아니라 내식성도 매우 뛰어납니다. 한마디로 쉽게 부식이 일어나지 않는다는 뜻이에요. 여러분은 철이 부식돼서 너덜너덜해져 있는 것을 본 적이 있을 거예요. 그런데 이 타이타늄은 부식도 잘 안 된다니 너무 신기하지 않나요? 그 이유는 바로 표면에 있답니다. 표면에 형성되는 산화층이 타이타늄을 부식으로부터 보호할 수 있어서 내구성이 우수한 것이죠. 단단하면서 보호막까지 갖고 있기에 다방면에 활용이 될 수 있는 거예요.

타이타늄은 항공 우주 산업 외에도 선박, 치과용 임플란트,

인공 관절 등에도 사용되고 있어요. 타이타늄에 산소가 만나 형성된 이산화타이타늄은 페인트의 흰색 안료로도 활용될 뿐만 아니라 선크림에도 포함돼서 자외선으로부터 우리를 보호해 주는 역할도 한답니다.

이 책을 통해 각각의 원소가 지닌 매력을 탐구하며, 다양한 원소들이 서로 결합할 때 예상치 못한 성질이 나타날 수 있다는 점을 알게 되었을 거예요. 하지만 지금까지 밝혀진 것은 그 가능

성의 일부에 불과하다는 사실을 잊지 말아요. 여러분도 미래에 과
학자나 공학자가 되어, 원소들의 다양한 조합을 통해 현재 인류가
직면한 에너지와 환경 문제를 해결할 수 있습니다. 그리하여 우리
나라에서도 과학 분야에서 노벨상을 받는 날이 오기를 기대해 봅
니다.

질문하는 과학 13

## 두 얼굴의 원소라고?

초판 1쇄 발행 2024년 10월 30일

지은이 강상욱
그린이 이크종
펴낸이 이수미
기획 이해선
편집 김연희
북 디자인 신병근, 선주리
마케팅 임수진

종이 세종페이퍼   인쇄 두성피엔엘   유통 신영북스

펴낸곳 나무를 심는 사람들
출판신고 2013년 1월 7일 제2013-000004호
주소 서울시 용산구 서빙고로 35 103동 804호
전화 02-3141-2233   팩스 02-3141-2257
이메일 nasimsabooks@naver.com
블로그 blog.naver.com/nasimsabooks
인스타그램 instagram.com/nasimsabook

ⓒ 강상욱, 2024
ISBN 979-11-93156-22-3
      979-11-86361-74-0(세트)